中国地质大学(武汉)实验教材建设项目"新编火成岩成因实习指导书"(SJC-202210) 资助
中国地质大学(武汉)实践育人项目"周口店实习区燕山运动相关教学路线开发建设"(ZL202049)

火成岩成因实习指导书

HUOCHENGYAN CHENGYIN SHIXI ZHIDAOSHU

周 翔 李一鹤 ◎编著
马 强 陈 明

中国地质大学出版社
ZHONGGUO DIZHI DAXUE CHUBANSHE

内容提要

　　本书是配合地球物质科学领域本科生专业课"火成岩成因"的实践教学而设计的实习教材,课程教学中建议本书与中国地质大学(武汉)郑建平教授等主编的《火成岩成因》(科学出版社出版)配合使用,两书之间具有理论原理与实践操作方面的互补性。本书吸收了21世纪以来火成岩研究的一些新方法和新认识,除了参与课程学习使用,本书也适合具有一定地质学基础的专业技术人员作为岩石学方向研究方法、科研案例的参考书使用。

图书在版编目(CIP)数据

火成岩成因实习指导书/周翔等编著.—武汉:中国地质大学出版社,2022.10
ISBN 978-7-5625-5378-6

Ⅰ.①火… Ⅱ.①周… Ⅲ.①火成岩-矿物成因 Ⅳ.①P588.1

中国版本图书馆 CIP 数据核字(2022)第 158860 号

火成岩成因实习指导书	周　翔　李一鹤　马　强　陈　明 编著
责任编辑:李焕杰　王凤林　　策划编辑:段　勇　李应争	责任校对:张咏梅

出版发行:中国地质大学出版社(武汉市洪山区鲁磨路388号)	邮编:430074
电　　话:(027)67883511　　传　　真:(027)67883580	E-mail:cbb@cug.edu.cn
经　　销:全国新华书店	http://cugp.cug.edu.cn
开本:787毫米×1092毫米　1/16	字数:133千字　印张:5.75
版次:2022年10月第1版	印次:2022年10月第1次印刷
印刷:武汉市籍缘印刷厂	
ISBN 978-7-5625-5378-6	定价:23.00元

　　　　　如有印装质量问题请与印刷厂联系调换

前 言

火成岩的成因分析是地质学研究的重要组成部分和基础分支领域。本书是配合"火成岩成因"课程的实践教学而设计的实习教材,旨在为参与实践课程的学员提供一本辅助工具书,同时为有一定矿物学、岩石学基础的高年级本科生、研究生及从事相关领域研究工作的专业人员提供火成岩领域的案例参考书。

编撰《火成岩成因》及本书是在新时代科教融合的大背景下进行的。在 21 世纪的地球系统科学框架下,传统"矿物岩石学"正在向"地球物质科学"的方向深化和发展,国内外许多开设地质类课程的高校都在经历原有课程体系的调整、改革过程。以中国地质大学(武汉)为例,地质类专业本科教学体系中,专业基础课"岩石学导论"教学学时的强烈缩减,导致学生在进入本科高年级或研究生阶段后,在参加生产实习、科研课题时需要进一步学习细分领域的知识、练习相关技能。火成岩作为地球物质科学基础中的基础,其成因与深海、深地探测及行星科学(深空探测)紧密相关。自 2017 年起,中国地质大学(武汉)地球科学学院试点开设了"火成岩成因"课程,设置 32~48 学时,邀请国内外著名岩石学专家学者分主题授课,并设置了 6~8 次的实践教学,取得了非常好的教学效果和评价。为了配合该课程的实践教学,本次编写的《火成岩成因实习指导书》设置了 13 个实习内容,可由授课教师根据实际情况选用。由于本书是专门服务于"火成岩成因"课程而编写的,在各次实习的"知识补充、拓展阅读"段落中,内容尽量避免与郑建平教授主编的《火成岩成因》重复,因而省略了相当篇幅的理论基础介绍,建议读者使用本书时参考《火成岩成因》等资料。

编撰本书,既希望为更多的学生、教师服务,也是响应教育部关于"加强高校教材建设,提升高等教育教学质量"的号召,在高等教育大变革的时代环境中,为地球科学课程体系的重构和改善做尝试。《火成岩成因实习指导书》是在中国地质大学(武汉)实验教材建设项目"新编火成岩成因实习指导书"(SJC-202210)支持下取得的成果,同时还受到了中国地质大学(武汉)实践育人项目"周口店实习区燕山运动相关教学路线开发建设"(ZL202049)的支持。本书也是地球物质科学系在"地质学一流学科建设"的第一轮五年周期内,深化教学改革而开设"火成岩成因"课程的阶段性总结。本书的编写以"聚焦实践能力提升,细化学科经典案例;丰富中国素材,反映学科前沿"为指导思想,力求在扎实传授基础知识和严格训练科研技能的同时,介绍研究进展与学界动态,引导读者思考,培养读者科学思维。

本书由郑建平、赵军红、苏玉平教授指导编撰,在内容设置上吸取了地球物质科学系多次教学研讨的集体意见,具体编撰分工如下:周翔负责主体的编撰任务与统稿,李一鹤负责编撰了实习五至实习八与实验十二及相关图版,马强与周翔共同编撰了绪论,陈明负责编撰了实习九、实习十一和实习十三及相关图版,戴宏坤、王连训和平先权分别参与了实习十、实习十一和实习十三的编撰。除参与编撰的人员外,为本书提供了岩石标本或图像资料的有吴春明、黄金香、邵辉、董欢、李毅兵、王坤、熊庆、袁峰、黄增保、向璐、赵伊、林阿兵、李玺瑶等来自多家教学研究机构的科研人员。感谢他们的慷慨奉献!书稿完成后,地球物质科学系的全体教员对教材内容进行了认真讨论,郑建平、苏玉平、李益龙、熊庆等教授分别进行了审阅,作者根据他们的意见做了相应修改,在此一并表示感谢!

周 翔

2022 年 4 月于中国地质大学(武汉)

目 录

绪 论 火成岩的岩相学分析——透过现象看本质 …………………………………………（1）

实习一 熔体抽取与岩石圈地幔的构成 ………………………………………………（3）

实习二 熔岩反应与地幔交代作用 ……………………………………………………（6）

实习三 岩浆快速结晶作用 ……………………………………………………………（12）

实习四 岩浆堆晶作用 …………………………………………………………………（15）

实习五 不平衡结晶作用 ………………………………………………………………（17）

实习六 岩浆上升与混杂混染作用 ……………………………………………………（20）

实习七 岩浆混合作用 …………………………………………………………………（23）

实习八 岩浆就位过程 …………………………………………………………………（27）

实习九 岩浆作用与热液作用的过渡 …………………………………………………（31）

实习十 碱性岩成因分析 ………………………………………………………………（37）

实习十一 碳酸盐熔体与火成碳酸岩成因分析 ………………………………………（42）

实习十二 岩石结构定量化分析 ………………………………………………………（48）

实习十三 绘制与利用基础相图 ………………………………………………………（54）

图 版 ……………………………………………………………………………………（57）

附 录 矿物代号与矿物名称对照表 …………………………………………………（84）

绪　论　火成岩的岩相学分析
——透过现象看本质

　　岩石学研究包括对岩石进行系统描述和分类命名的岩相学，以及探讨岩石成因和形成过程的岩理学几个方面。岩相学是岩理学的基石，目的在于知其然；岩理学是岩相学的深化，目的在于知其所以然。地质学专业本科生通过"岩石学导论"课程学习了岩石学的基本理论，掌握了岩相学观察和描述的技能，理解了教科书中岩理学的内容。但是，掌握岩石学相关知识仅是新时代地质学专业人才培养的第一层次，更重要的还是要注重培养发现问题、解决问题的能力，即将能力从拥有知识提升到运用知识。本实习课程注重培养学生在岩石观察描述基础上解译岩石形成过程的能力，目的是将学生已经拥有的岩相学观察能力提升为岩石成因分析能力，使学生学会透过现象看本质。这样的能力提升对于实际地质工作有着重要意义。随着现代化仪器分析的广泛应用，目前在对火成岩进行成因解译的工作中，野外地质调查和岩相学分析有被弱化的趋势。只有具备岩石成因分析能力，才能避免犯下"轻视岩相学基础而空谈岩理学理论"的错误。

　　火成岩成因分析是一门具有较强探索性、涉及理论面较宽、侧重知识综合运用的课程。本实习课程旨在培养学生掌握岩相学分析的方法，而非面面俱到地指导学生对各个火成岩亚类及其特征进行成因分析。鉴于此，本书按照分析岩浆及岩浆作用历史的思路构思，分13次实习课，通过经典案例指导学生分析岩浆的起源、演化、就位成岩的过程及相应的地质环境。

　　实习一和实习二以地幔部分熔融作用为例，通过地幔岩石的矿物组合与结构分析，探讨了熔体抽取过程、熔融残余的形成，以及地幔岩石经历的熔岩反应与交代作用，指导学生分析岩浆源区的性质及岩浆起源的条件和过程。

　　实习三~实习九通过对案例的矿物组合与结构构造特点开展分析，探讨岩浆演化的结晶作用、混染作用、混合作用和就位过程等，分析岩浆成分变化及其影响因素，指导学生从岩石的描述分类向岩浆演化的动力学过程与物理化学条件分析扩展。

　　实习十和实习十一以碱性岩和火成碳酸岩两个较为特殊的岩类为例，介绍其从岩浆起源、演化至就位的形成过程与相关成矿作用，以及岩浆期后的蚀变作用等方面的理论基础、研究进展与学术争议，为学生提供岩石成因分析案例，引导学生对其他岩石类型开展独立分析。

　　实习十二和实习十三是关于特殊分析方法的介绍。实习十二介绍了近年来新兴的岩石结构定量化分析方法，指导学生测量和统计矿物晶体的粒度分布参数，分析晶体分离与聚集、成核速率和生长速率的变化，讨论影响岩石结构的因素，获得岩浆侵位与冷却历史的动力学过程信息。实习十三介绍了一种基础性的热力学工具——相图的获得方法与使用原则，指导学生利用相图分析部分熔融产生岩浆的过程、岩浆的结晶分异过程和岩石结构的形成过程。

需要指出的是,岩浆作用与其他地质作用存在一些相互重合或界限不够清晰的交叉领域。例如在岩浆-热液成矿系统中,演化到晚期的残余岩浆与高温流体及挥发分有复杂的叠加活动;在高级变质作用中,局部熔融(深熔作用)与变质作用有重合;在强烈构造活动(如大地震)相关的破裂面上,会产生假玄武玻璃等局部熔体;在类地行星演化研究中,需要关注岩浆洋在星球尺度的形成、演化及行星体固态圈层的分异;在陨石学及陨石坑研究中,熔体的产生与天体碰撞、瞬时压缩过程及之后的压力释放有密切关系。受限于本书的服务对象和教学目的,本书对许多这类问题未做介绍和讨论,读者可按需查询相关资料作为参考。

1. 学习基础

参与本课程要求学生经过矿物学和岩石学基本知识学习和技能训练,能够利用常规的"三小件"(小刀、放大镜和地质锤)和偏光显微镜对常见的火成岩进行观察、描述和鉴定。本课程内容还涉及对野外地质现象和区域地质资料的解读,需要具有相关知识的储备。建议学生在参加实习课程之前,复习可能涉及的物理化学、晶体光学、光性矿物学和岩石学知识。实习课可携带相应的工具书进行查阅,如《结晶学及矿物学》《岩石学》《透明矿物鉴定手册》等教材或工具书。

2. 实习要求

实习过程需要先通过教师的介绍了解岩石产状,学生再对实习材料开展观察分析,主要是利用偏光显微镜对典型岩石开展岩相学观察,重点描述和分析反映实习主题相关地质过程的典型现象。课后,综合阅读本书各节所列的参考文献及授课环节中教师推荐的参考资料,撰写岩石成因分析实习报告。

3. 课程目标

随着深地、深海、深空探测的逐步推进,掌握火成岩成因分析的方法变得更加必要。希望学生能够通过参与"火成岩成因"实习课程,掌握以矿物岩石结构为基础的岩石成因分析方法,透过岩相学观察看到火成岩精彩的前世今生,提高解决实际地质问题的能力。

实习一　熔体抽取与岩石圈地幔的构成

一、目的

(1) 掌握地幔橄榄岩的矿物组成、结构特征、岩石定名规则。
(2) 理解不同深度的橄榄岩出现不同富铝矿物的原理。
(3) 理解熔融程度差异控制残余体橄榄岩矿物组合的原理。

二、实习材料与要求

1. 实习材料

尖晶石相橄榄岩（华北克拉通捕虏体）、石榴子石相橄榄岩（南非克拉通捕虏体）。

2. 要求

(1) 掌握地幔橄榄岩的矿物组成、结构特征及岩石定名方法。
(2) 通过对比不同薄片的结构及矿物组成特征，推测不同样品的熔融程度与熔融终止深度。

三、实习观察提示

(1) 注意不同岩石类型粒度划分的标准有差别。
(2) 橄榄岩类常见结构：原生粒状结构、碎斑结构、粒状镶嵌结构、包含结构、出溶结构、三联点结构、剪切结构。石榴子石常会呈斑晶出现（图版1-1），而尖晶石粒度一般较为细小（图版1-2）。
(3) 由于分析测试的需要，部分样品未制作标准薄片，而是厚度 $50\sim100\mu m$ 的加厚探针片。厚薄片中矿物的干涉色均有所升高，区分橄榄石与斜方辉石较为困难，可利用突起程度、解理是否发育辅助判断。另外，厚薄片中的斜方辉石可能有更浓的褐黄色调，可利用岩石薄片的扫描图像进行颗粒边界识别并辅助统计矿物体积比例，参见图版1-3。
(4) 区分方辉橄榄岩和二辉橄榄岩时，少量单斜辉石能以斑晶状态产出是二辉橄榄岩的标志性特征。

四、分析提示与概念辨析

难熔(refractory)与饱满(fertile)：这一对术语通常描述地幔岩石样品的主量元素与矿物组合特征，以定性方式表达经历熔体抽取后的残余地幔橄榄岩的相对差异。熔体抽取程度越高的残余地幔橄榄岩越为难熔，熔体抽取程度较低的则相对饱满。对于岩石质行星体系，以原始地幔成分为熔融初始物质，随着熔融程度升高，残余体成分会向高 Mg、低 Fe、低 Si、低 Al 的方向演进，冷却的固态残余体平衡矿物组合中的单斜辉石、斜方辉石比例会逐步降低，形成二辉橄榄岩→含单斜辉石的方辉橄榄岩→不含单斜辉石的方辉橄榄岩→纯橄榄岩序列。在这一序列中，二辉橄榄岩最为饱满，靠后的岩石难熔程度逐步增加，熔融残余型的纯橄榄岩最为难熔。在判别超基性岩岩性所常用的单斜辉石-橄榄石-斜方辉石三元相图中，地球自然样品中所观察到的熔融残余体成分主要沿着图 1-1 中的箭头 A 或箭头 B 的趋势线发展。实验岩石学证实，随着熔融程度升高，残余体后续将向橄榄石端元的方向移动，但自然样品中熔融残余达到纯橄榄岩的案例极少。准确估计样品的矿物含量，是判断矿物难熔或饱满程度的有效方法。

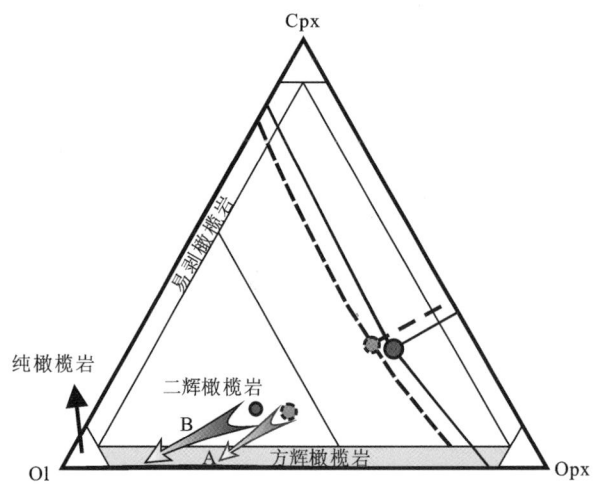

图 1-1　Cpx - Ol - Opx 三元相图及地幔熔融趋势

注：图中箭头表示了"亏损地幔"(the depleted MORB mantle，DMM，由体积含量 57%的橄榄石、28%的斜方辉石、13%的单斜辉石、2%的尖晶石矿物组成)或"亏损地幔岩(depleted pyrolite)"在减压熔融过程中残余体矿物组成的演化方向(A 或 B)，熔融形成的岩石主要为方辉橄榄岩。

再饱满作用(refertilization)：该作用是指向经历过熔体抽取的残余地幔物质添加大比例硅酸盐熔体，经过热力学的再平衡过程后改变原岩的矿物组合及(全岩和矿物的)主量元素组成，造成地幔岩石由原本较难熔性质转为较饱满特征的地质过程。目前有相当多的学者使用"再富化作用"表达此概念，但考虑到"富集"与"亏损"这对概念描述的并非主要造岩矿物组合及主量元素特征，本书建议使用"再饱满作用"表达这一转变。

五、思考题

(1)地幔的部分熔融终止于不同深度时,形成的矿物组合有什么差别?

(2)哪些矿物的稳定/失稳分解可能影响岩石圈地幔的物质组成?

(3)大洋、大陆、俯冲带、裂谷等不同大地构造环境下,岩石圈的厚度与成分会有哪些差异?这些差异是否完全由熔体抽取作用决定?

参考文献

郑建平,夏冰,戴宏坤,等,2021.地球物理观察和岩石包体约束华北岩石圈地幔结构、性质及过程[J].中国科学:地球科学,51(2):201-217.

DOUCET L S, IONOV D A, GOLOVIN A V, 2013. The origin of coarse garnet peridotites in cratonic lithosphere: new data on xenoliths from the Udachnaya kimberlite, central Siberia[J]. Contributions to Mineralogy and Petrology, 165(6):1225-1242.

FUMAGALLI P, KLEMME S, 2015. Mineralogy of the Earth: Phase transitions and mineralogy of the upper mantle[J]. Treatise on Geophysics (Second Edition), 2(12):7-31.

PEARSON D G, WITTIG N, 2014. The formation and evolution of cratonic mantle lithosphere-evidence from mantle xenoliths[J]. Treatise on geochemistry, 3:255-292.

WALTER M J, 2014. Melt extraction and compositional variability in mantle lithosphere[J]. Treatise on geochemistry, 3:393-419.

实习二　熔岩反应与地幔交代作用

一、目的

(1) 掌握并区分蚀变作用与交代作用。
(2) 了解地幔交代作用的分类,理解地幔交代作用的多方面影响。
(3) 了解并认识地幔岩石中的常见次生结构。
(4) 了解橄榄岩中常见的交代指示性矿物。

二、实习材料与要求

1. 实习材料

(1) 经历交代作用的地幔橄榄岩(松树沟地质体,含角闪石的方辉橄榄岩、纯橄岩)。
(2) 地幔中的镁铁质、超镁铁质岩石脉体(毛屋超基性岩剖面,含碳酸盐的纯橄榄岩、石榴子石辉石岩等)。

2. 要求

(1) 估计样品的矿物组合,准确描述样品的结构特征,确定岩石名称。
(2) 观察并识别特征性的地幔交代矿物,描述可能与交代作用相关的结构现象。
(3) 依据矿物结构特征划分矿物组合期次,指出后续分析交代作用的线索。

三、实习观察提示

(1) 对超镁铁质岩石分类命名的依据如图 2-1 所示。
(2) 在岩石学基本框架内,交代作用属于变质作用的一类,指由外来流体活动引发的原有岩石的成分、矿物组合发生变化的变质作用。与交代作用有关的矿物取代现象通常只在岩石某个局部出现;在沉积岩中,常表现为胶结物交代碎屑或交代另一种胶结物,如长石的自身高岭土化、绢云母化、方解石化、钠黝帘石化及黑云母等暗色矿物的绿泥石化等;在火山岩、火山碎屑岩的岩屑中,经常可观察到高岭土化或方解石化;在地幔岩石中,可根据颗粒是否受到交代改造,将矿物及矿物组合划分成由早到晚的不同期次。在地幔深部,随着温度和压力的升高,共存的熔体和流体两相的成分将会变得越来越接近,到达临界点温度后发生"水乳交融"形成一种单相流体,即超临界流体。超临界流体是富溶质的浓稠流体,它既有类似含水熔体的组成和结构,又有接近富水流体的密度和黏度,因而具有超强的元素溶解和迁移能力,是地

实习二　熔岩反应与地幔交代作用

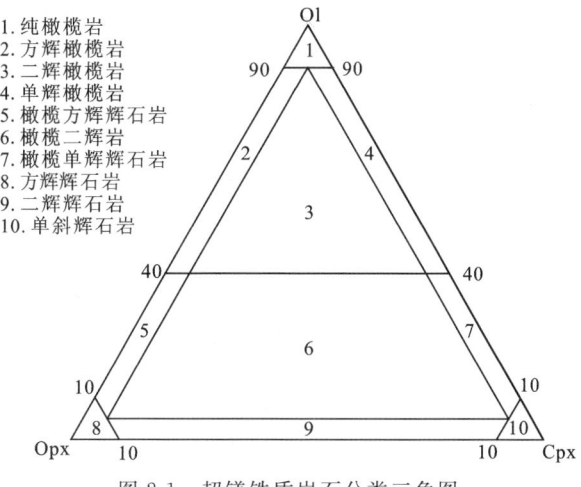

图 2-1　超镁铁质岩石分类三角图

1. 纯橄榄岩
2. 方辉橄榄岩
3. 二辉橄榄岩
4. 单辉橄榄岩
5. 橄榄方辉辉石岩
6. 橄榄二辉岩
7. 橄榄单辉辉石岩
8. 方辉辉石岩
9. 二辉辉石岩
10. 单斜辉石岩

幔深部的重要活动性组分。本书将深部地幔中的熔体、流体与超临界流体统称为"深部熔流体"。"交代作用"这一概念被拓展到地幔岩石研究中,主要描述原有固态的地幔岩石受到上述"深部熔流体"活动的影响,发生成分、矿物组合、结构变化的现象。"地幔交代作用"因此属于岩浆作用与变质作用的交叉范畴,但其发生条件更接近高温的岩浆作用范畴。由于该领域的研究在近 20 年取得了显著进展,对理解深部地质过程非常重要,本课程单列本节予以介绍。

受交代作用改造的地幔岩石可能经历过多期变形,因而形成条状分带结构、剪切分带结构等(图版 2-1),斑晶矿物显示出波状消光、亚颗粒结构等(图版 2-2)。依据反应是否彻底,交代作用相关的岩相结构大致可分为以下两类。

交代假象结构:一种矿物完全被交代矿物所取代,只有交代前的外部形态被保留下来,即成为交代假象结构或简称假象,因而只有了解了矿物原始形态时才能辨认。橄榄岩中常见辉石被角闪石、云母族矿物取代而保留辉石假象。

交代残余结构:交代反应不彻底,被交代矿物还有被保留下来的残余部分。这是交代行为正在进行或中途终止的结果。地幔岩石中的包裹结构(图版 2-3)、包橄结构、嵌晶结构、溶蚀结构、海绵边结构(图版 2-4)、筛状边结构、反应边结构、侵蚀港湾结构及脉状多晶集合体等属此类(图版 2-5～图版 2-11)。

(3)注意使用反射光观察不透明矿物与其他矿物间的关系;注意氧化物、硫化物矿物的原生颗粒与次生颗粒在产出位置、晶体形态方面的区别。

(4)颗粒较大的斑晶周围,一些细粒晶体的形态、定向特征及与同时代矿物的接触方式(如构成合晶等)可能指示它们与斑晶矿物的早晚关系。

(5)橄榄岩中的尖晶石主要为铬尖晶石,单偏光下呈红棕色调,等轴晶系,通常呈粒状或块状集合体,完全自形的单晶呈八面体$\{111\}$,但极少见。其中 $FeCr_2O_4$ 端元称为铬铁矿,暗褐色至铁黑色,条痕褐色;半金属光泽,不透明;无解理,硬度 5.5～6.5,相对密度 4.3～4.8;性脆,具弱磁性,含铁量高者磁性较强。在超基性岩中,自形尖晶石在薄片的切面上呈菱形,多数情况为不规则粒状,也常见浑圆状,构成的集合体被称为"豆荚状铬铁矿"(图版 2-10c)。

橄榄岩中尖晶石等不透明矿物或石榴子石周围,往往会发育一些粒度较小的颗粒,构成复杂的集合体。

尖晶石族矿物的化学通式:AB_2O_4。$A(Y)$为Mg^{2+}、Fe^{2+}、Zn^{2+}、Mn^{2+}等;$B(Y)$为Fe^{3+}、Al^{3+}、Cr^{3+}等。铁铝尖晶石与镁铝尖晶石之间存在着完全类质同象的关系,它们的最高硬度为8,这一序列中因为含铬、铁等离子而呈现粉色、红色、绿色、蓝色等色调,可做宝石的尖晶石主要为这一序列,多为玄武岩中的捕虏晶或产于经历热液活动的大理岩中。

四、概念辨析

蚀变作用:岩石在水流体、二氧化碳等挥发分的作用下,原有造岩矿物之间的热力学平衡被破坏,在新系统达到新的平衡过程中,发生一系列旧矿物被新生矿物所替代的作用,并伴随岩石物理化学性质的变化。需要指出的是,任何蚀变作用总是伴随着物质的带入和带出。超镁铁质岩常见的蚀变包括蛇纹石化、碳酸岩化(图版 2-8b、c)、滑石化、纤(透)闪石化、绿泥石化、黏土化等,蚀变结果产生蛇纹岩、滑石菱镁岩、石英菱镁岩等。

关注地幔深部过程时,对岩石的命名及描述可简化、忽略蚀变相关的现象。但如果需要分析蚀变作用,命名岩石时应将蚀变矿物冠于岩石基本名称之前,如蛇纹石化二辉橄榄岩、绢云母化石榴辉石岩等。

亏损(depletion)与富集(enrichment):这对术语描述岩石样品的微量元素与同位素特征,不相容元素的含量越高,则越富集,反之为亏损。放射性同位素系统则各有不同,$^{143}Nd/^{144}Nd$比值越高,样品越亏损,反之为富集(图 2-2);$^{87}Sr/^{86}Sr$比值越低,样品越亏损,反之为富集。

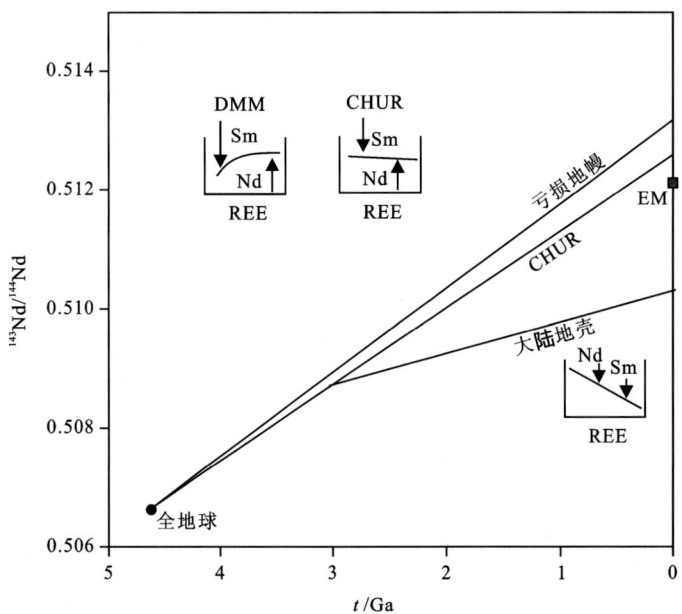

图 2-2 地球的 Nd 同位素演化线及 Sm-Nd 元素在主要储库的演化趋势

样品的亏损与富集程度主要受地幔交代作用控制,与熔体抽取的程度没有必然的对应关系,但在具体的区域范围内可能有协变趋势。

亏损和富集亦可用于对比参考物质的含量,如比原始地幔更亏损 Nd,而更富集 Pb。与此类似的"正异常""负异常"则一般描述在特定图解中样品某个元素相对于图解中它的相邻元素的含量高低。例如图 2-3 中,亏损地幔的 Pb 相对于其自身的 Ce 和 Sr 为负异常;样品的 Pb 相对于自身的 Ce 和 Sr 为正异常,且比亏损地幔(DMM)的 Pb 丰度更为富集。而 Ti 元素明显比 DMM 更为亏损,但并未显示明显的负异常。U 相较于 Th、Nb 表现出明显的正异常,但仍比 DMM 的丰度低很多,即样品中 U 元素比 DMM 更为亏损。

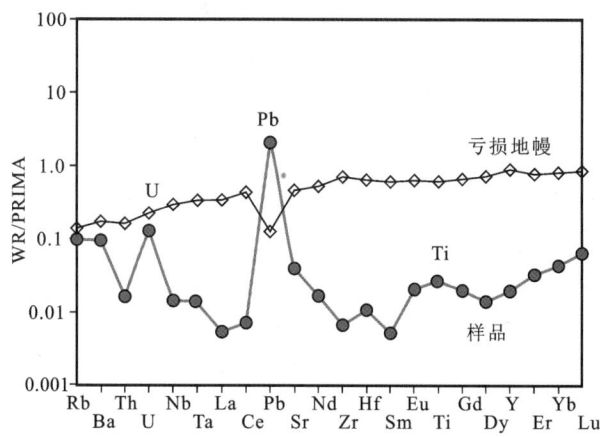

图 2-3 样品对原始地幔标准化的微量元素蛛网图(据 McDonough and Sun,1995)

五、拓展阅读:地幔交代作用的意义

2013 年,我国权威地质学专家在联合撰写发布的《新世纪十年地幔地球化学研究进展》中称,对地幔熔/流体活动的研究与地幔交代作用研究是 21 世纪第一个十年里地球科学领域的重要进步(周新华等,2013)。上地幔是连接地壳与深部地幔的位置,这里既是地球物质发生分异、循环和能量交换的重要场所,又是熔/流体迁移、演化并与固态岩石发生反应的主要空间。因此,上地幔的交代作用在资源、环境等多个方面有复杂的影响(O'Reilly and Griffin,2013)。例如在稳定的大陆克拉通之下,熔体的交代作用导致原来高度亏损的岩石圈地幔表现出富集的 Sr-Nd 同位素特征,并对稳定克拉通的破坏减薄起了重要作用(Ionov et al.,1993;Rudnick et al.,1993;Xu et al.,2003;Zheng et al.,2005;张宏福,2009;Tang et al.,2013)。富碳的金伯利质岩浆诱发的交代作用甚至能形成一些具有特殊矿物组合的橄榄岩,同时也诱发了金刚石等矿产的生成与存储(Yaxley et al.,1991;Zhang,2005;Griffin et al.,2013)。在切割岩石圈的深大断裂附近,以气液相为主的挥发组分与熔体共同活动,可能造成断裂带的活化,改变附近岩石的化学成分和物理性质,并调节继续向浅部迁移的挥发组分的成分和体积,最终影响地球的深部去气进程和全球尺度的易挥发组分循环(Aulbach et al.,2020)。在俯冲带乃至大洋扩张中心附近,熔体的迁移活动诱发浅部地幔物质受到交代,使一部分难熔的方辉橄榄岩转变为较为饱满的二辉橄榄岩(Le Roux et al.,2007;Bodinier and Godard,2014),同时影响了喷出地表的岩浆成分及火山作用方式,而一些重要金属(如

Cr)的成矿作用也与熔体诱发的交代作用密切相关(郑建平等,2019;陈仁旭和郑永飞,2019)。

六、思考题

(1)交代作用会改变地幔原有岩石的哪些性质?交代作用对岩石物理性质的改变有哪些方面?

(2)大陆与大洋岩石圈底部的地幔交代作用是否一致?

(3)大陆内部与边缘,哪个部位的地幔交代作用更为复杂?

(4)俯冲带与大陆裂谷中发生的交代作用将会有哪些异同?

参考文献

陈仁旭,郑永飞,2019.造山带橄榄岩记录的大陆俯冲带多期壳幔相互作用[J].地球科学,44(12):4095-4101.

林阿兵,2020.中国东北部岩石圈地幔性质及其形成过程[D].武汉:中国地质大学(武汉).

芮会超,2018.北秦岭松树沟超镁铁质岩石及条带状铬铁矿成因研究[D].西安:长安大学.

张宏福,2009.橄榄岩—熔体相互作用:克拉通型岩石圈地幔能够被破坏之关键[J].科学通报(14):2008-2026.

赵伊,2021.大别造山带橄榄岩地幔属性与壳幔相互作用[D].武汉:中国地质大学(武汉).

郑建平,熊庆,赵伊等,2019.俯冲带橄榄岩及其记录的壳幔相互作用[J].中国科学(地球科学),49(7):1037-1058.

周新华,张宏福,郑建平,等,2013.新世纪十年地幔地球化学研究进展[J].矿物岩石地球化学通报,32(4):379-391.

AULBACH S, LIN A B, WEISS Y, et al., 2020. Wehrlites from continental mantle monitor the passage and degassing of carbonated melts[J]. Geochemical Perspectives Letters, 15:30-34.

BODINIER J L, GODARD M, 2014. Orogenic, ophiolitic, and abyssal peridotites[J]. Treatise on geochemistry, Z:103-167.

GRIFFIN W L, BEGG G C, O'REILLY S Y, 2013. Continental-root control on the genesis of magmatic ore deposits[J]. Nature Geoscience, 6(11):905-910.

IONOV D A, DUPUY C, O'REILLY S Y, et al., 1993. Carbonated peridotite xenoliths from Spitsbergen: implications for trace element signature of mantle carbonate metasomatism[J]. Earth and Planetary Science Letters, 119(3):283-297.

LE ROUX V, BODINIER J L, TOMMASI A, et al., 2007. The Lherz spinel lherzolite: refertilized rather than pristine mantle[J]. Earth and Planetary Science Letters,

259(3-4):599-612.

MCDONOUGH W F, SUN S S, 1995. The composition of the Earth[J]. Chemical Geology, 120(3-4):223-253.

O'REILLY S Y, GRIFFIN W L, 2013. Mantle metasomatism[M]//DANIEL E H, HÅKON A. Metasomatism and the chemical transformation of rock. Heidelberg:Springer: 471-533.

PAN S K, ZHENG J P, YIN Z W, et al., 2018. Spongy texture in mantle clinopyroxene records decompression-induced melting[J]. Lithos, 320:144-154.

RUDNICK R L, MCDONOUGH W F, CHAPPELL B W, 1993. Carbonatite metasomatism in the northern Tanzanian mantle: petrographic and geochemical characteristics[J]. Earth and Planetary Science Letters, 114(4): 463-475.

TANG Y J, ZHANG H F, YING J F, et al., 2013. Widespread refertilization of cratonic and circum-cratonic lithospheric mantle[J]. Earth-Science Reviews, 118(1):45-68.

XU Y G, MENZIES M A, THIRLWALL M F, et al., 2003. "Reactive" harzburgites from Huinan, NE China: products of the lithosphere-asthenosphere interaction during lithospheric thinning? [J]. Geochimica et Cosmochimica Acta, 67(3):487-505.

YAXLEY G M, CRAWFORD A J, GREEN D H, 1991. Evidence for carbonatite metasomatism in spinel peridotite xenoliths from western Victoria, Australia[J]. Earth and Planetary Science Letters, 107(2):305-317.

ZHANG H F, 2005. Transformation of lithospheric mantle through peridotite-melt reaction: a case of Sino-Korean craton[J]. Earth and Planetary Science Letters, 237(3-4): 768-780.

ZHENG J P, ZHANG R Y, GRIFFIN W L, et al., 2005. Heterogeneous and metasomatized mantle recorded by trace elements in minerals of the Donghai garnet peridotites, Sulu UHP terrane, China[J]. Chemical Geology, 221(3-4):243-259.

ZHOU X, ZHENG J P, LI Y B, et al., 2021. Melt migration and interaction in a dunite channel system within oceanic forearc mantle: the Yushigou harzburgite-dunite associations, north Qilian ophiolite (NW China)[J]. Journal of Petrology, 62(7):115.

实习三　岩浆快速结晶作用

一、目的

(1)掌握科马提岩的矿物组成及结构特征。
(2)理解结晶作用、过程及其影响因素。
(3)了解科马提岩中不同橄榄石的结构所指示的结晶过程差异。
(4)了解结晶动力学的研究思路、实验方法。

二、实习材料与要求

1. 实习材料

南非科马提岩手标本及薄片。

2. 要求

(1)描述手标本、薄片中的矿物组合与结构特征。
(2)结合资料阅读分析结晶环境特征。

三、实习观察提示

(1)科马提岩中一些典型结构的示意特征如图3-1所示。

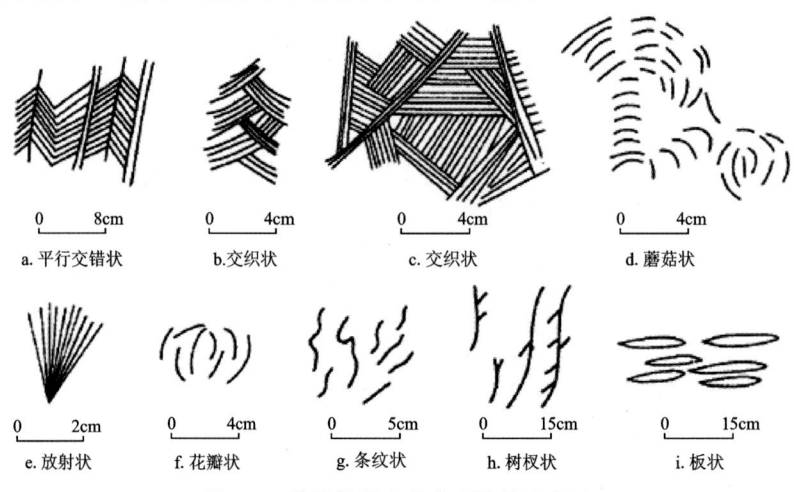

图3-1　科马提岩中的典型结构示意图

科马提岩在宏观露头尺度具有结构的不均一性(图版3-1、图版3-2)。鬣刺结构主要由蛇纹石化、滑石化橄榄石中空骸晶假象构成呈放射状、平行状的晶团或晶群,嵌布于绿泥石、绢云母、滑石、蛇纹石、透闪石及脱玻化等物质构成的基质之中。中空的骸晶橄榄石虽为变化后的假象,但轮廓清晰,特别是端部、边缘呈锯齿状(图版3-3、图版3-4)。

(2)图3-2为镁橄榄石的晶体结构及经典的玄武质熔体结晶实验在不同条件下获得的橄榄石形态切面示意图(显示 c 轴的切面形态,a 轴为由纸面垂直向读者方向)。

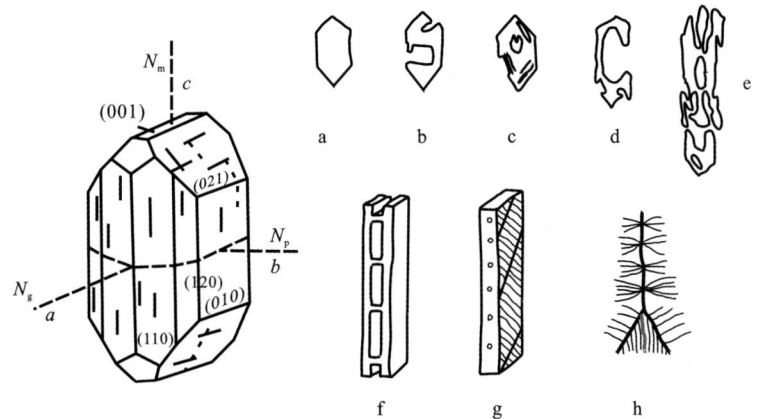

图3-2 橄榄石光性方位及形态切面示意图(据Donaldson,1976)
a.冷却速率为0.5℃/h时的结晶形态;b.冷却速率为2.5～3℃/h或低于液相线10℃时的等温结晶;c.冷却速率为7℃/h或低于液相线20℃时的等温结晶;d.冷却速率为15℃/h或低于液相线30～50℃时的等温结晶;e.冷却速率为40℃/h或低于液相线50℃时的等温结晶;f.冷却速率为80℃/h或低于液相线80℃时的等温结晶;g.冷却速率为300℃/h或低于液相线140℃时的等温结晶;h.由1450℃到室温时的淬火冷却结晶。更多实验结果见图版3-5

四、相关概念补充

在未完全固结的岩浆系统中两相共存:一个是晶体相(固相);另一个是熔体和挥发分组成的相,称为环境相。岩浆的结晶作用就是环境相转变为晶体相的相变过程。岩浆结晶过程中,晶体的形成可分为晶核生成(成核)和晶体生长两个阶段。

1. 晶体成核速率

从原子尺度来看,每时每刻都有大量原子离开结晶界面进入环境相,同时又有大量的原子从环境相进入界面上晶格中的结晶位置。当形成的晶体胚芽粒度达到某一临界值时,离开结晶界面需要吸收的能量大于原子能够从环境中获得的能量值,原子无法自由离开结晶界面就会造成晶体的可持续长大,否则,晶核就不稳定。

晶体的成核速率可以理解为单位时间、单位体积内生成的达到临界尺寸的晶核数目,单位为个$/(s \cdot cm^3)$。

2. 晶体生长速率

晶核达到临界尺寸后,熔体中的质点按晶体格子构造不断堆积到晶核上去,使得晶体长大。单位时间内晶体粒径增长的大小,称为晶体生长速率(crystal-growth rate),单位为 cm/s 或 μm/s。

3. 过冷度

晶核的形成和晶体最初的生长,往往不是在液相线温度,而是在低于液相线温度的状态下进行的。液相线温度(T_A)和实际结晶温度(T_B)之间的差值,就称为过冷度(subcooled temperature)(ΔT),即 $\Delta T = T_A - T_B$。

4. 岩浆结晶过冷度与晶体形态的关系

岩浆结晶的过冷度控制着晶体成核速率及晶体生长速率,造成结晶颗粒的形态、粒度会有不同的分布形式。例如《火成岩成因》第十章图 10.6 所示,当过冷度很低时,成核速率低,生长速率高,形成数量少个体大的自形晶;若过冷度中等,成核速率和生长速率都较大,往往形成数量较多而粒度较小的自形晶;过冷度进一步增大,则形成一些骸晶、枝晶或者球粒结构;过冷度达到极限时,成核作用停止,形成大量玻璃。

五、思考题

(1) 实验岩石学如何设计熔体结晶实验?
(2) 如何分析快速结晶岩石中的易挥发性组分?

参考文献

ARNDT N T,LESHER C M,BARNES S J,2008. Komatiite[M]. Cambridge:Cambridge University Press:467.

ARNDT N T,LESHER C M,2005. Komatiite[M]//RICHARD C,SELLEY L,ROBIN M,et al.. Encyclopedia of geology. London:Elsevier:260-268.

CORRIGAN G M,1982. Supercooling and the crystallization of plagioclase, olivine, and clinopyroxene from basaltic magmas[J]. Mineralogical Magazine,46(338):31-42.

DONALDSON C H,1976. An experimental investigation of olivine morphology[J]. Contributions to Mineralogy and Petrology,57(2):187-213.

FAURE F,TROLLIARD G,NICOLLET C,2003. A developmental model of olivine morphology as a function of the cooling rate and the degree of undercooling[J]. Contributions to Mineralogy and Petrology,145(2):251-263.

MCBIRNEY A R,2007. Igneous Petrology[M]. 3rd ed. Bolingbrook:Jones and Bartlett Publishers.

ROUSSEAU R W,2003. Encyclopedia of physical science and technology[M]. 3rd ed. London:Elsevier:91-119.

实习四　岩浆堆晶作用

一、目的

(1)熟悉超基性—基性侵入岩在岩浆岩分类表中的位置。
(2)理解结晶分异作用、堆晶作用、鲍文反应序列。
(3)了解不同条件下控制矿物结晶形态的因素。

二、实习材料与要求

1. 实习材料

层状侵入体中的橄榄岩、辉石岩、辉长岩系列薄片(攀西地区)。

2. 要求

(1)观察系列薄片,分析各样品中的矿物结晶顺序。
(2)对比同种矿物在各件样品中的形态差异。
(3)结合教师给出的样品层位信息,分析层状岩体的形成过程。

三、实习观察提示

(1)注意观察各薄片的矿物组合、结构。
(2)注意观察各岩石不透明矿物的种类、结构差异。

四、拓展阅读

1. 堆晶岩石的结构特点

在堆晶岩石中,堆晶矿物的体积占比很高,一般具有较好的自形和简单截然的接触关系;相对应的是粒间相矿物,它们的体积占比较低,但可能发育从自形到他形的多种形态及复杂的相互接触关系(图版 4-1~图版 4-3)。

2. 火成岩中层状构造的成因

侵入体形成层理的机制大体可分为动力性因素、非动力性因素两类。动力性因素包括岩浆对流、富晶体的岩浆流动分异、晶体的沉淀、分选和堆积、新岩浆注入、岩浆不混溶作用。非动力性因素包括物理化学条件(主要为压力、挥发分含量、氧逸度)的剧烈变化、晶体的成核速率的变化、晶体的压实与机械旋转、溶解-再析出作用。天然层状侵入体中的层理成因往往是多个因素共同作用的结果,此外还不可避免地受到围岩混染等其他因素的影响。

3. 表面能最小化对晶体形态的影响

在熔体结晶过程中,结晶颗粒的结构受控于过冷度控制的晶体生长,如果温度非常接近液相线,也就是过冷度很低,晶体生长速率就慢;显微结构则受到表面能的控制,表面能与矿物成分、矿物结构各向异性、界面曲率有关。体系为了维持最小表面能,表现为熔体的分布受控于体系渗透率,并影响熔体-晶体接触关系的局部二面角参数分布。在主要由尺寸非常小的晶粒构成的体系中,奥斯瓦尔德熟化(Ostwald ripening,或称奥斯特瓦尔德成熟)效应造成结晶颗粒数量的减少和平均粒度的增大。该效应是指溶液中产生的较小的晶体微粒因曲率较大、能量较高,会逐渐溶解到周围的介质中,然后会在较大的晶体微粒的表面重新析出,使得较大的晶体微粒进一步增大。在颗粒尺寸已经较大的结晶体系中,表面能最小化体现为结构不均一性弱的矿物颗粒(如岛状结构的橄榄石)逐步形成较浑圆的形态或发育多组较为平直的边界,而结构不均一性强的矿物颗粒(如链状的长石族)在平行[001]晶轴的晶面形成平直边界,但在其他晶面不易发育平直边界。因此粗颗粒体系的颗粒数量与粒度在岩石结构调整过程中并不发生显著的变化。

五、思考题

(1)如何判断两个共生的晶体是否达到化学平衡?
(2)堆晶矿物会受到哪些作用的影响发生次生变化?

参考文献

CHARLIER B, NAMUR O, LATYPOV R, et al., 2015. Layered intrusions[M]. Dordrecht: Springer.

DONG H, WANG K, LIU B, 2021. Amphibole geochemistry of the Baima layered intrusion, SW China: Implications for the evolution of interstitial liquid and the origin of Fe-Ti oxide ores[J]. Ore Geology Reviews, 139:104436.

DONG H, XING C, WANG C Y, 2013. Textures and mineral compositions of the Xinjie layered intrusion, SW China: Implications for the origin of magnetite and fractionation process of Fe-Ti-rich basaltic magmas[J]. Geoscience Frontiers, 4(5): 503-515.

HOLNESS M B, 2021. Cumulates and layered igneous rocks[M]//DAVID A, SCOTT A E. Encyclopedia of geology. 2nd ed. London: Elsevier: 99-112.

WANG K, DONG H, LIU R, 2020. Genesis of giant Fe-Ti oxide deposits in the Panxi region, SW China: A review[J]. Geological Journal, 55(5):3782-3795.

实习五　不平衡结晶作用

一、目的

(1) 对球状岩石的手标本和薄片进行观察和对比。
(2) 掌握由不平衡结晶作用形成的岩石的矿物组成及结构特征。

二、实习材料与要求

1. 实习材料

(1) 具有单壳结构的长英质球状岩。
(2) 具有韵律多壳结构的长英质球状岩。

2. 要求

(1) 了解不平衡结晶作用基本知识。
(2) 掌握由不平衡结晶作用形成的岩石的矿物组成及结构特征。
(3) 分析球状构造、同心环带的指示意义，探讨球状岩石的可能成因。

三、实习观察提示

(1) 对具有特殊结构的球状岩实验样品进行详细观察，分析并判断实验样品是来自球状岩石的球状体还是基质区域，进而判断实验样品是来自单壳球状体还是多壳球状体(图版5-1)；建立样品空间分布概念，了解球心、球壳方位及样品在球状体中的位置。

(2) 观察并描述由不平衡结晶作用所形成的矿物(矿物对)的分布特征(多与少)、形态差异(大与小)，进而判断不平衡结晶作用的区域，即是否存在由不平衡结晶向平衡结晶转变的过程。

(3) 分析特定矿物的分布规律及结构特征，参考图版5-2。例如：①石英，在球状岩基质、球状体环带、球核位置的石英数量和形态有何区别？②斜长石，对不同区域的斜长石牌号进行测定并与形态及结构特征(晶体大小及是否存在双晶)进行综合分析。③角闪石，环带处的角闪石与球核心位置的角闪石的形态和结构有何区别？④观察薄片中是否有在快速冷却条件下生长的晶体，并观察它们与其他矿物的接触、共生关系。

四、拓展阅读

1. 球状岩

球状岩是指具有球状构造的岩石,它由球状体及球间基质组成。球状岩的构造特征表现为由不同结构、不同成分的同心壳层围绕中心有规律地排列。根据其矿物组合可以定名为球状花岗岩、球状闪长岩、球状辉长岩等。

球状岩自 1802 年首次被发现并命名以来,全球报道仅有 100 余处,因其漂亮而独特的结构及较好的观赏性,被视为地质珍品。对球状岩进行精细研究,有助于揭示区域地质演化历史。目前,我国出露的球状岩不到 10 处,包括浙江石角超镁铁质球状岩石(周新民等,1990)、河北滦平球状闪长岩(马芳等,2004)、山东平邑球状辉石橄榄岩(吴洪艳等,2013)、湖北黄陵球状花岗闪长岩(魏运许等,2015)、西藏亚东球状闪长岩(Zhang et al., 2017)等。

2. 不平衡结晶作用

不平衡结晶作用是指在岩浆结晶并析出固体的过程中,降温速度过快,使得岩浆中所析出固体分子扩散不均匀,结晶中固体分子各处浓度不均匀,从而导致非均匀结晶的现象。

不平衡结晶作用由过冷度驱动。过冷度是指在不平衡结晶中,温度降至固相线时的温度与全部转化为固相的温度之差。过冷度的大小与冷却速度密切相关,冷却速度越快,实际结晶温度就越低,过冷度就越大;反之冷却速度越慢,过冷度就越小,实际结晶温度就更接近理论结晶温度。

如角闪石-斜长石二元过冷体系所示(图 5-1),当角闪石-斜长石二元体系在不平衡结晶状态下(A 组分在 T_1 温度下),角闪石和斜长石都达到了过饱和状态,但是角闪石的过饱和程度(ΔT_{Amp})大于斜长石的过饱和程度(ΔT_{Pl}),导致体系先结晶角闪石,形成富角闪石矿物带(层),直至剩余熔体中角闪石的过饱和程度(ΔT_{Amp})小于斜长石的过饱和程度(ΔT_{Pl}),形成富斜长石矿物带(层)(A 组分向 B 组分转变)。同时,这一过程还受冷却速度和过冷状态持续时间的影响:在较慢的冷却速率条件下,会形成厚的富角闪石条带及厚的富斜长石条带;相反,在较快的冷却速率条件下,会形成薄的富角闪石条带及薄的富斜长石条带。如果过冷状态持续的时间较长,会驱使该二元体系交替产生角闪石-斜长石韵律生长带(层)。

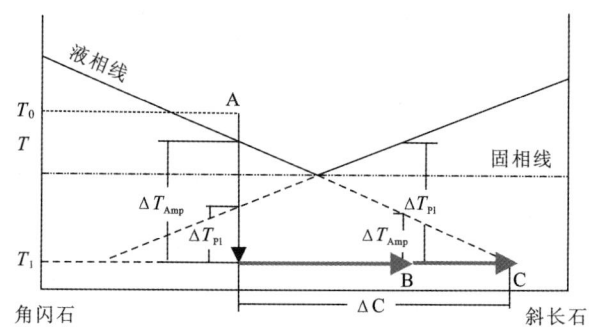

图 5-1 角闪石-斜长石二元过冷体系结晶示意图

五、思考题

(1)不平衡结晶与平衡结晶,在真实地质过程中哪个更为常见?
(2)我们往往只看到球状岩的一个截面,如何还原球状岩的3D结构和矿物分布情况?
(3)实习观察的球状岩样品是由外向内结晶还是由内向外结晶?为什么?

参考文献

马芳,穆治国,刘玉琳,2004. 滦平球状闪长岩岩相学特征和球状构造成因探讨[J]. 岩石学报,20(6):1424-1432.

魏运许,赵小明,杨金香,等,2015. 湖北黄陵球状花岗闪长岩的发现及其岩相学特征[J]. 地质通报,34(8):1541-1549.

吴洪艳,陈华国,朱宁,2013. 山东平邑"金钱石"地质特征及成因浅析[J]. 山东国土资源,29(7):46-48.

周新民,朱云鹤,陈建国,1990. 超镁铁球状岩的发现及其成因研究[J]. 科学通报,35(8):604-606.

ZHANG Z M,XIANG H,DING H X,et al.,2017. Miocene orbicular diorite in east-central Himalaya:anatexis, melt mixing, and fractional crystallization of the greater himalayan sequence[J]. Geological Society of America Bulletin,129(7-8):869-885.

实习六　岩浆上升与混杂混染作用

一、目的

(1)认识金伯利岩的结构构造,了解金伯利岩的矿物多世代、蚀变多期次的特征。
(2)理解金伯利岩初始岩浆的成分特征,了解岩浆的混杂混染作用。
(3)了解金伯利岩的研究历史,了解相关问题的争议与研究前沿。

二、实习材料与要求

1. 实习材料

金伯利岩手标本及薄片(南非、山东等地区样品,图版6-1)。

2. 要求

(1)观察、描述各样品的矿物组合与结构特征,完成鉴定报告。
(2)报告重点描述划分矿物在不同世代的特征依据,参考图版6-2~图版6-6。

三、观察提示

自然界中很少有新鲜的金伯利岩存在,金伯利岩都有不同程度的次生变化,主要为橄榄石和金云母的蛇纹石化、绿泥石化、碳酸盐化、金云母化及滑石化,通常是两种或两种以上的次生变化同时发生。

(1)碳酸盐化。碳酸盐化作用的方式:一种是他形粒状方解石均匀地交代岩石基质和斑晶,属于饱和CO_2的热液渗透交代;另一种是密集的网脉状方解石沿裂隙充填交代。强烈的碳酸盐化作用,不仅在岩石外貌上,而且在矿物成分和化学成分上,使金伯利岩彻底变化,实际上变成了碳酸盐类岩石。碳酸盐化作用阶段生成的矿物有方解石、绿泥石、白云石、重晶石、石英、赤铁矿、针铁-褐铁矿和白钛矿。

(2)金云母化。金云母化是云母型金伯利岩的特征性蚀变作用。斑状富金云母金伯利岩及含岩球斑状富金云母金伯利岩中,金云母化作用比较强烈;其他类型金伯利岩中,金云母化作用很微弱。金云母的交代作用有以下几种形式:①金云母呈纤维鳞片状交代斑晶或基质中的橄榄石,多是簇拥围绕橄榄石斑晶,沿着斑晶的边缘进行交代,也有的呈鳞片状或片状交代到橄榄石晶体的内部,金云母呈较大的片状包裹第二、第三世代橄榄石,呈嵌晶结构;②金云母化作用系高温碱性交代作用,是偏碱性超基性的金伯利岩岩浆转入岩浆期后阶段,在岩浆阶段未能完全晶出的金云母成分(钾、铝等)，又以交代作用的方式继续生成；③金云母化作用继承了金伯利岩岩浆的偏碱性性质，它的强弱与岩石的碱性程度是一致的。在金云母化作用阶段，伴随有热液铬铁矿和磷灰石的生成。

(3)滑石化。滑石化作用主要见于斑状富金云母金伯利岩和金伯利岩角砾岩中，在斑状金伯利岩中滑石化作用很微弱。滑石主要是交代金云母、橄榄石斑晶和岩石基质：①金云母常被鳞片状滑石取代呈残晶；②在蛇纹石化斑状金伯利岩中，鳞片状滑石常沿蛇纹石化橄榄石假象边缘进行交代，有的直接交代假象内部的蛇纹石；③在岩石基质中，滑石呈鳞片状集合体不均匀分布。滑石化作用阶段常伴随绿泥石、方解石、锐钛矿和赤铁-针铁矿生成。

四、补充知识与拓展阅读

1. 黑云母(Biotite)和金云母(Phlogopite)的关系

黑云母和金云母化学式分别为 $K\{(Mg,Fe)_3[AlSi_3O_{10}](OH)_2\}$ 和 $K\{Mg_3[AlSi_3O_{10}](OH)_2\}$。黑云母和金云母构成一个镁-铁端元之间的完全类质同象系列，它们都属于单斜晶系。当 $N_{Mg}:N_{Fe}<2:1$ 时为黑云母，当 $N_{Mg}:N_{Fe}>2:1$ 时为金云母。晶格中代替 K 的有 Na、Ca、Rb、Cs、Ba，代替 Mg、Fe^{2+} 的有 Al、Fe^{3+}、Ti、Mn、Li，F、Cl 可以代替 OH。黑云母在颜色上以黑色、深褐色为主，富 Ti 者呈浅红褐色调，富 Fe^{3+} 者呈绿色。金云母以棕色、浅黄色为主。

2. 捕虏晶与副矿物

捕虏晶(xenocryst)指的是岩浆在上升迁移过程中捕获的围岩物质发生分解残留的晶体，它不同于从熔体中结晶出的斑晶(phenocryst)。捕虏晶的化学成分、体积含量与熔体的化学成分没有直接关系，主要受控于岩浆上升过程所混染的围岩物质的多少、围岩团块的机械破碎程度，以及岩浆对捕获物的化学熔蚀作用的强烈程度。副矿物是指在火成岩中对岩石的命名不起作用的矿物，它们含量极少，一般不超过1%，在个别情况下，所有副矿物总体积可达岩石总体积的3%左右。

金伯利岩中的金刚石(钻石)是典型的捕虏晶矿物，它们的原始形成深度一般认为至少超过120km(Russell et al., 2019)。金伯利岩中大量的橄榄石、辉石粗晶实际上是捕虏晶，即岩浆喷发位置之下的岩石圈地幔岩石分解的产物。金伯利岩中的常见副矿物包括菱镁矿、铁硫化物、重晶石、榍石、钙锆石榴子石、锆石、斜锆石、金红石、磷灰石、磷钠镁石、富碱碳酸盐矿物、萤石、水氟硅钙石、烧绿石、钾石盐及碳锶铈矿等富稀土矿物，这些副矿物有的是从熔体中结晶的斑晶，有的是捕虏晶。

3. 特殊超基性岩石研究所反映的火成岩研究发展趋势

金伯利岩、苦橄岩、科马提岩等特殊超基性岩石的命名与研究历史，反映了岩石学的学科发展阶段性。早期研究以分类、鉴别为主要目标，侧重于岩石产出状态、结构、构造特征、主要化学指标及特征矿物组合等基础现象的描述与定性解释。进入20世纪下半叶之后，岩石学发展到与物理学、化学、热力学、材料学、高温高压实验及深部探测等学科方向紧密结合的阶段,对这些岩石的研究深入到对熔体的起源、性质、演化与结晶过程的定量化分析阶段。21世纪以来,在地球系统科学视角下,这些特殊超基性岩石被视为探索地球作为复杂行星系统的多圈层物质状态、性质及时空演化规律的关键研究对象(Sparks,2013)。

五、思考题

(1)岩浆上升速率的差异,可以由哪些矿物微观结构反映?
(2)围岩物质混杂混染过程,会影响岩浆系统的哪些物理参数?
(3)火成岩的捕虏晶是否能够全面反映岩浆上升过程中混染的全部物质?

参考文献

GILL R,2010. Igneous rocks and processes[M]. Chichester:Wiley-Blackwell.

LE MAITRE R W,2002. Igneous rocks:A classification and glossary of terms[M]. Cambridge,Eng:Cambridge University Press.

RUSSELL J K,SPARKS R S J,KAVANAGH J L,2019. Kimberlite volcanology:transport,ascent,and eruption[J]. Elements,15(6):405-410.

SPARKS R S J,2013. Kimberlite volcanism[J]. Annual Review of Earth and Planetary Sciences,41(1):497-528.

实习七　岩浆混合作用

一、目的

(1) 了解岩浆混合作用的认识过程。
(2) 掌握野外工作及岩相学观察中识别岩浆混合作用的基本特征。
(3) 了解有关岩浆混合作用的研究方法。

二、实习材料与要求

1. 实习材料

暗色微粒包体、含有暗色微粒包体的花岗质寄主岩(图版 7-1)。

2. 要求

(1) 认识暗色微粒包体与花岗质寄主岩在矿物组合和结构方面的差异。
(2) 掌握观察识别"反鲍文反应序列"结晶现象的特征现象、判断依据。
(3) 了解可能指示岩浆混合作用的其他岩相学、矿物学线索。

三、岩浆混合作用

岩浆混合作用最初由海德堡大学的化学家 Busen 提出,他基于对冰岛西部一些火山岩的主量元素成分呈现线性变化的趋势,提出它们可能是由两个端元组分混合形成的。然而最初这些解释并没有被其他地质学家们重视。岩浆混合作用真实存在并对岩浆岩的形成有重要影响的认识是在后续岩石学研究发展过程中逐步形成的。在 20 世纪末,美国地质学家 Wilcox(1999)将人们对岩浆混合作用的认识历程总结为 5 个不同的阶段:①提出岩浆混合学说并遭排斥阶段(1852—1879 年);②不断补充新证据阶段(1880—1914 年);③暂被遗忘阶段(1915—1952 年);④突破和确认阶段(1953—1972 年);⑤深入和扩展研究阶段(1973 年以后)。

中文环境下,在不强调"岩浆混合作用"与"岩浆混杂作用"的区别时,多数人使用"岩浆合作用"时包含了化学方面与物理方面的双重含义。岩浆混合作用在地质上最常见的情况表现为:同期岩浆前后两次侵入的时间差很短,在先侵入的岩浆尚未固结的情况下,就有新的岩浆随后侵入,在两次岩浆侵入的边界附近,会出现岩浆的物理与化学混合现象,并可出现岩性渐变过渡的接触关系,对应于岩浆岩之间的涌动接触关系。

岩浆混合作用形成的岩石应称为岩浆混合岩,以此与高级变质作用、部分熔融作用形成的混合岩(migmatite)加以区别。由两端元岩浆岩和岩浆混合岩共同组成的杂岩体称为岩浆混合杂岩体(hybrid complex)。岩浆混合(混杂、混合)作用可以发育于不同的构造背景,尤其是在会聚的板缘(大陆边缘、岛弧、弧后盆地及造山带)中广泛存在。

最常见的情况是,花岗质岩石中常见的形状不规则的微粒闪长岩包体即为岩浆混合作用的典型产物。例如图版 7-1 所展示的,这些暗色微量包体大小不一,形状各异,有的与寄主岩石呈渐变过渡,有的则发育一个暗色矿物富集的边缘与寄主岩石相隔。多个暗色包体可能呈现长轴的定向排列,其长轴方向与寄主岩浆岩的线理方向大体一致或协调构成弧形、褶皱等,反映岩浆未固结时发生塑性流动的痕迹。这些微粒闪长岩包体的结构、成分均指示它们是由岩浆直接结晶形成的,而非岩浆捕获的固态围岩物质,并且暗色微粒包体通常与其围岩具有一致的结晶年龄,反映它们同时期固结的事实。这些特征是岩浆混合作用被地质学界承认的基本证据(Vernon,1984;Didier,1991;周新民和朱云鹤,1992;王德滋等,1994)。暗色包体与寄主侵入岩的结晶粒度有明显的差异,其定量化分布特征可参考《火成岩成因》第十章第二节的论述及相关文献。在更微观的层面,经历岩浆混合作用会造成熔体成分的变化,常会导致正常的结晶序列在发生岩浆混合后被重置,形成如下与封闭岩浆系统冷却结晶不同的岩相学、矿物学现象。

(1)火成岩矿物之间的不平衡共生,如橄榄石与石英、辉石与石英等;在基性火成岩中发现有熔蚀残余的酸性斜长石、钾长石和石英捕房晶;核心被熔解、牌号呈双峰式的斜长石,钾长石具更长环斑结构等。

(2)在火成岩中出现长英质矿物被镁铁质矿物包裹、环绕等不符合鲍文反应序列的结晶现象。

(3)在火山岩斑晶中的熔融包裹体记录了差异极大的化学成分,指示寄主晶体在生长过程中捕获了不同成分的岩浆(包括熔体与挥发分)。

(4)在火山岩斑晶中形成一系列成分跨度极大的异常环带结构,指示斑晶在生长过程中周围的熔体成分发生过剧烈的变化。

(5)岩浆机械混合(岩浆物理混合)作用较强时,在其混合物中常保存端元岩浆的残留物,在露头上、标本上和薄片中就可以找到其识别标志,如角砾状、树枝状、条带状、条痕状、片麻状、阴影状、巨斑状的晶体或晶体集合体等。

四、实习观察提示

(1)岩浆岩中,较晚结晶的矿物可能包裹早期结晶的矿物,可能局部熔蚀、侵入早期结晶的矿物,或者围绕早期结晶的矿物生长,利用这些接触关系可以识别不同矿物的结晶顺序。

正常岩浆结晶遵守鲍文反应序列,应观察到镁铁质矿物先结晶、长英质矿物后结晶的顺序,早结晶的矿物自形程度较高、晚结晶的矿物自形程度较低的总体规律。观察并描述实习薄片中的矿物结构关系,判断是否存在局部结晶顺序不符合"鲍文反应序列"的现象(图版7-2)。

(2)受岩浆混合作用的影响,熔体成分的剧烈变化及短暂升温可能造成一些已经结晶的矿物再度熔融分解,使一些早期结晶的矿物可能保留为形状不规则的熔蚀残晶。识别这类熔蚀残晶并观察它们周围新生矿物的种类,判断结晶顺序。

(3) 一些矿物在缓慢生长过程和快速结晶过程会形成差异显著的不同形态。例如磷灰石在稳定环境中缓慢结晶则容易生长为短柱状、粒状甚至浑圆状晶型,在成分骤变、快速冷却的岩浆中容易生长为长柱状—针状晶型。岩浆混合会导致熔体的温度、含水量等条件骤变,引发一些矿物的快速结晶。观察薄片中是否有在快速冷却条件下生长的晶体,并观察它们与其他矿物的接触、共生关系。

五、拓展阅读:近年来本领域研究进展与前沿

岩浆混合作用是地球深部物质和能量交换的一种重要形式,分别来源于壳、幔的岩浆混合是多圈层物质相互作用的重要方式,这一领域的认识进一步显著推进了人们对地球深部过程的理解(李昌年,2002)。新手段的应用、新资料的积累促进地质学家们对岩浆深部赋存状态、迁移行为取得新的认识。例如以垂向位置不断变化且规模发生动态改变的晶粥体模型代替规模固定的岩浆房模型(马昌前等,2020),人们对岩浆混合作用的认识也随之不断完善和修正。进入 21 世纪以来,这一领域的研究已不限于对地质样品的分析中采用岩浆混合的概念模型解释暗色微粒包体等地质现象,还包括了对岩浆混合作用中物理化学参数的理论计算、高温高压模拟实验、岩浆动力学模型构建并探讨火山喷发机制等多个方面。

一些研究综合了岩石学与地球物理观测等方法,在识别岩浆混合作用的同时对深部岩浆系统的动力学过程有了新的认识。例如对 2011—2012 年 Canary 群岛 El Hierro 火山喷发物中的橄榄石斑晶研究表明,一些橄榄石斑晶记录了深部岩浆补给事件诱发的局部岩浆混合作用,结合火山喷发前的地震记录,将岩浆补给事件约束在地下 10~15km 深度位置,并进一步推测这一岩浆补给事件与该次火山最终喷发有密切的联系(Longpré et al.,2014)。类似的研究对于探究火山喷发的规律及寻找火山喷发的有效前兆提供了新的线索,对火山灾害机理研究提供了新的启示。

在模型构建和参数约束方面,通过应用流体力学规律计算基性—酸性岩浆混合时形成的镁铁质矿物集合体部分与长英质部分的几何形态及黏度差关系,可以较好地约束暗色微粒包体常见的褶皱、拉长现象的物理条件,并结合温度梯度解释了局部的二次熔融作用(Gogoi and Saikia, 2018)。考虑含固相颗粒的晶粥状态,则可以利用富含颗粒的黏性介质模型通过相接触颗粒间的力学关系对晶粥体系统开展模拟计算,获得颗粒物体积分数、晶体形状、表面粗糙度、熔体黏度、熔体流变学性质等多个参数的合理范围及部分相互关系(Bergantz et al., 2017),这些结果对理解岩浆混合岩的微观结构、混合区域几何形态及岩浆的流动行为有重要参考价值。

在实验仿真领域也有大量的研究针对不同的具体问题展开。例如外加应力的高温高压实验揭示了在玄武质熔体与闪长质熔体混合过程中,含水量不同在产生混杂结构的温度条件、晶体间化学扩散的界面范围,以及混合作用造成的温度波动方面的差异(Laumonier et al., 2015)。类似的实验与天然样品观察还揭示出岩浆混合作用会伴随着相当比例的挥发分脱离原岩浆系统,即发生岩浆去气作用(Pistone et al., 2017)。这些结果说明岩浆混合作用既能影响地球的固态物质循环,也能影响挥发分的迁移。

六、思考题

(1)岩浆混合作用的时间尺度如何？可以通过哪些方式进行测量？

(2)哪些矿床的成因需要考虑岩浆混合作用的影响？

参考文献

李昌年,2002.岩浆混合作用及其研究评述[J].地质科技情报,21(4):49-54.

马昌前,邹博文,高珂,等,2020.晶粥储存、侵入体累积组装与花岗岩成因[J].地球科学,45(12):4332-4351.

王德滋,周金城,邱检生,等,1994.东海沿海早白垩世火山活动中的岩浆混合及壳幔作用证据[J].南京大学学报(地球科学),6(4):317-322.

王连训,马昌前,熊富浩,等,2017.浆混花岗岩专题填图方法初探:以东昆仑加鲁河地区为例[J].地质通报,36(11):1971-1986.

周新民,朱云鹤,1992.江绍断裂带的岩浆混合作用及其两侧的前寒武纪地质[J].中国科学(B辑)(3):298-303.

BERGANTZ G W, SCHLEICHER J M, BURGISSER A,2017. On the kinematics and dynamics of crystal-rich systems[J]. Journal of Geophysical Research: Solid Earth, 122(8): 6131-6159.

DIDIER J,1991. Enclaves and granite petrology[J]. Developments in petrology,13(1): 41-43.

GOGOI B, SAIKIA A,2018. Role of viscous folding in magma mixing[J]. Chemical Geology, 501:26-34.

LAUMONIER M, SCAILLET B, ARBARET L,et al.,2015. Experimental mixing of hydrous magmas[J]. Chemical Geology, 418:158-170.

LONGPRÉ M A, KLÜGEL A, DIEHL A, et al., 2014. Mixing in mantle magma reservoirs prior to and during the 2011—2012 eruption at El Hierro, Canary Islands[J]. Geology, 42(4):315-318.

MAGEE C, STEVENSON C T, EBMEIER S K, et al., 2018. Magma plumbing systems: a geophysical perspective[J]. Journal of Petrology, 59(6):1217-1251.

PISTONE M, BLUNDY J, BROOKER R A,2017. Water transfer during magma mixing events: Insights into crystal mush rejuvenation and melt extraction processes[J]. American Mineralogist,102(4): 766-776.

VERNON R H,1984. Microgranitoid enclaves in granites: globules of hybrid magma quenched in a plutonic environment[J]. Nature, 309(5967):438-439.

WILCOX R E,1999. The idea of magma mixing: history of a struggle for acceptance[J]. The Journal of Geology, 107(4):421-432.

实习八　岩浆就位过程

一、目的

(1) 掌握浅成相火成岩的类型及特点。
(2) 理解岩浆就位方式对岩石结构、构造的影响。

二、实习材料与要求

1. 实习材料

火山角砾岩标本及薄片、煌斑岩标本及薄片。

2. 要求

(1) 描述薄片中的矿物组合、结构特征。
(2) 通过分析岩石的结构现象，推理岩浆侵位过程。

三、实习观察提示

(1) 岩浆的就位方式主要通过野外调查进行研究确定，需要在扎实的野外工作基础上展开岩石成因分析。
(2) 对脉岩的定名中，玢岩通常指具有斑状结构、斑晶为斜长石和暗色矿物的中性及基性岩石；斑岩一般指具有斑状结构、斑晶为钾长石和石英的中酸性岩石。煌斑岩有独特的矿物组成与结构特点，既不属于玢岩，也不属于斑岩。

四、补充阅读

1. 浅成岩的定义及特点

浅成岩(hypabyssal rock)一般指侵位深度小于 2km 的侵入岩，英文中这一概念与深成岩(plutonic rock)相对应。浅成岩的岩浆侵位深度介于喷出岩和深成岩之间，浅成岩侵入体一般规模较小，常以小岩株、岩枝或岩墙与岩脉等形式产出。浅成岩的结构、构造与火山岩逐渐过渡，通常具有细粒结构或斑状结构，常见块状构造或经隐爆作用形成角砾状构造等。常见的浅成岩包括部分隐爆角砾岩、火山角砾岩(图版 8-1)及多种脉岩，如辉绿岩、辉绿玢岩、闪长玢岩、花岗斑岩、煌斑岩(图版 8-2、图版 8-3)、钾镁煌斑岩(图版 8-4)。浅成岩与次火山岩主要以野外产状区分:浅成岩属于小规模侵入岩,一般与大型的深成侵入体伴生;次火山岩主要分布于火山岩区,常出现于火山机构的破火山口附近,形成于火山喷发活动的晚期。对浅成岩的研究多与火山活动研究相结合,同时也与地质灾害、岩浆的上升就位过程、挥发分的储存与释放、水岩相互作用等问题紧密关联(黄定华和向树元,1997;Sparks and Cashman,2017;Burchardt,2018;Sparks et al.,2019)。

2. 脉岩的定义及分类

脉岩指呈脉状、岩墙形式产出的浅成侵入岩,因其独特的产状并常具有特殊的矿物成分和结构而将它们单独归为一类。脉岩在物质成分上和空间分布上常与一定的侵入岩有关。根据脉岩成分可分为两类:未分脉岩、二分脉岩。

(1)与深成岩成分类似的脉岩,又称继承性脉岩或未分脉岩,如花岗斑岩、闪长玢岩、辉绿岩、辉绿玢岩。

(2)与深成岩成分差别较大的脉岩称二分脉岩,即浅色脉岩和深色脉岩。浅色脉岩包括伟晶岩、细晶岩,深色脉岩包括煌斑岩、钾镁煌斑岩等。

3. 煌斑岩的定义及分类

煌斑岩属于脉岩类的一种。煌斑岩是一类具有斑状结构,基质为细粒、微粒或隐晶质结构,以暗色矿物形成自形斑晶为特点,含有角闪石、云母等含水矿物相的一系列富含挥发分(如 H_2O 和 CO_2)的超基性至中性浅成岩,通常以岩脉的形式出露。煌斑岩的斑晶为暗色矿物且自形程度通常较好,斑晶组合中一定包含角闪石或黑云母,也常见橄榄石、辉石等镁铁质矿物,斜长石一般不以斑晶出现。煌斑岩中的铁镁质矿物(黑云母、角闪石、辉石)无论在斑晶或是在基质中,都呈全自形粒状,而且斑晶含量很高,这类结构为煌斑岩类所特有,故称为煌斑结构。

Le Maitre 等(2005)总结的煌斑岩鉴定特征包括:①煌斑岩通常以岩脉的形式出现;②色率一般在 35~90 之间,呈中色至暗色,极少出现全暗色的煌斑岩;③长石或长石族矿物只会出现在基质中,不会以斑晶的形式出现;④肯定含有角闪石或者黑云母(或富铁的金云母);⑤橄榄石、辉石、云母及长石的热液蚀变在煌斑岩中十分常见;⑥方解石、沸石等矿物往往可作为原生矿物出现在煌斑岩中;⑦与 SiO_2 含量相似的其他岩石相比,煌斑岩往往具有较高的 K_2O、Na_2O、H_2O、CO_2、P_2O_5 和 S、Ba、Rb、Sr 含量。

由于煌斑岩中长石的比例范围很不确定并且仅在基质中出现,煌斑岩本身强烈的自交代作用又会造成长石发生蚀变,依据长石成分和比例进行分类的传统方法(如 QAPF 图解)不适合煌斑岩分类。一般根据碱性程度把煌斑岩分为碱性煌斑岩和钙碱性煌斑岩,或依据钠与钾的相对含量高低分为钾质煌斑岩和钠质煌斑岩。碱性煌斑岩含似长石和碱性暗色矿物;钙碱性煌斑岩不含似长石和碱性暗色矿物,以常见的普通角闪石、黑云母等为主要斑晶,基质常包含长石。煌斑岩常见类型如下。

(1)云煌岩:主要由黑云母、正长石组成,黑色,斑状结构,斑晶为自形的黑云母。新鲜的黑云母斑晶辉煌发亮。正长石分布于基质中。

(2)斜云煌岩：与云煌岩的区别仅在于含斜长石，但二者肉眼不易区别，常统称云母煌斑岩。

(3)斜闪煌岩：主要由角闪石、斜长石组成，斑状结构，角闪石为斑晶。

(4)闪辉煌斑岩：斑晶多为普通角闪石和无色或淡绿色的透辉石，也可有橄榄石、黑云母斑晶。基质主要由辉石、角闪石、长石组成。

4. 浅成岩的形成过程

本书分别以隐爆角砾岩、煌斑岩为例说明浅成岩形成过程的物理、化学特点。

(1)隐爆角砾岩：由岩浆系统的隐蔽爆破作用形成的超浅成相岩浆岩。在岩浆超浅成侵位过程中，岩浆房(或称岩浆聚集体)顶部和周围聚集了大量气液组分，在构造应力等因素的诱发下骤然减压发生隐蔽爆破，将早期固结的火成岩围岩爆破成角砾后再与补给上来的岩浆物质共同固结所形成。隐爆角砾岩的角砾成分多与围岩相同，并含有早期侵入岩及少量从深部带上来的异源物质；角砾形状大小不一，多呈尖棱角状、棱角状、次棱角状，砾径一般为3~10cm，个别达20~30cm不等；基质物为岩屑、岩粉、熔浆及气液物质。由于隐蔽爆破作用一般不造成岩浆大规模喷出地表，熔浆未发生过自由流动，岩石基质一般不具有流纹结构。

(2)煌斑岩：早期研究者主要关注煌斑岩的化学成分特点并大致提出关于煌斑岩成因机制的两种观点。①分异说，认为煌斑岩是岩浆结晶分异或熔离分异形成的。偏基性组分者富集于岩浆房下部成为煌斑岩浆，在上部偏酸性岩浆冷凝之后，煌斑岩浆沿岩体及围岩的裂隙贯入而成。这一学说的主要依据是某些钙碱性煌斑岩总是与深成花岗岩体相伴生。②同化混染说，认为煌斑岩是较基性的玄武岩浆同化大陆硅铝层物质所产生，从而使岩浆中硅、碱及挥发分增高，形成各种煌斑岩。该观点的主要证据是煌斑岩中铬、镍等元素含量较高，类似于幔源基性岩浆，但煌斑岩中常见陆壳捕虏体和捕虏晶，说明有较强的围岩混入。

目前岩石学家认为煌斑岩的形成过程复杂，在某种意义上可以将煌斑岩理解为含高挥发分的浅成岩，需要综合多种因素才能解释煌斑岩的产状、化学成分特征、结晶矿物形态与岩石结构特点(Rubin，1995；Krmíček and Rao，2022)。富挥发分源区熔融、岩浆分异作用及围岩的同化混染可能都对岩浆中挥发分的富集有一定贡献。岩浆在上升过程中经过多级、多阶通道系统，熔体在一定深度的岩浆房储存可能是导致部分晶体在深部岩浆房生长呈自形斑晶的重要原因。同时富水岩浆系统也倾向于压制长石类矿物的优先结晶而有利于单斜辉石、角闪石、云母等矿物的优先生长。岩浆房的补给、活化可能是造成煌斑岩脉体侵入在浅层地壳的重要机制；先存的区域性断裂系统可能是煌斑岩侵位的有利位置。

钾镁煌斑岩在分类上是与煌斑岩并列的一种特殊浅成岩，一般具有斑状结构，局部发育嵌晶结构(金云母大斑晶内包含橄榄石小颗粒，见图版8-4)，具有较高的暗色矿物含量，并以全岩成分低硅、富钾、富镁为特征。钾镁煌斑岩的重要性在于它是原生金刚石矿床的主要寄主岩之一，如西澳大利亚的AK1号钾镁煌斑岩岩管，地表出露面积约45km^2，金刚石平均品位为1ct/t(1ct=0.2g)，储量估计约4亿ct，一度是世界上最大的金刚石原生矿床。钾镁煌斑岩起源于地幔深处、在浅层就位的特点是其能够成为原生金刚石矿的根本原因。

五、思考题

(1)岩浆上升所经通道系统的几何形态如何影响岩浆的结晶过程？
(2)挥发的种类与含量如何影响火山的喷发行为？

参考文献

黄定华,向树元,1997.中浅成岩浆的隐爆机制及其成矿动力学意义[J].地质科技情报,16(1):77-80.

刘秉翔,张招崇,程志国,2021.煌斑岩的分类、特征及成因[J].地质学报,95(2):292-316.

路凤香,舒小辛,赵崇贺,1991.有关煌斑岩分类的建议[J].地质科技情报(S1):55-62.

徐义刚,郭正府,刘嘉麒,2020.中国火山学和地球内部化学研究进展与展望(2011—2020)[J].矿物岩石地球化学通报,39(4):683-696.

BURCHARDT S,2018. Volcanic and igneous plumbing systems: Understanding magma transport, storage, and evolution in the Earth's crust[M]. Amsterdam: Elsevier.

DAI H K, OLIVEIRA B, ZHENG J P, et al., 2021. Melting dynamics of late Cretaceous lamprophyres in Central Asia suggest a mechanism to explain many continental intraplate basaltic suite magmatic provinces[J]. Journal of Geophysical Research: Solid Earth, 126(4), 1-22.

KRMÍČEK L, RAO N C,2022. Lamprophyres, lamproites and related rocks as tracers to supercontinent cycles and metallogenesis[J]. Geological Society, London, Special Publications, 513(1):1-16.

LE MAITRE R W, STRECKEISEN A, ZANETTIN B,et al.,2005. Igneous rocks: a classification and glossary of terms: recommendations of the International Union of Geological Sciences Subcommission on the Systematics of Igneous Rocks[M]. Cambridge, Eng: Cambridge University Press.

ROCK N M S,2013. Lamprophyres[M]. Berlin: Springer Science＋Business Media.

RUBIN A M,1995. Propagation of magma-filled cracks[J]. Annual Review of Earth and Planetary Sciences, 23(1):287-336.

SPARKS R S J, ANNEN C, BLUNDY J D,et al.,2019. Formation and dynamics of magma reservoirs[J]. Philosophical Transactions of the Royal society A, 377(2139):1-30.

SPARKS R S J, CASHMAN K V,2017. Dynamic magma systems: Implications for forecasting volcanic activity[J]. Elements, 13(1):35-40.

实习九　岩浆作用与热液作用的过渡

一、目的

(1) 认识并了解细晶结构、伟晶结构，认识文象结构。
(2) 了解伟晶岩内部分带结构，了解细晶岩、伟晶岩的成因理论。

二、实习材料与要求

1. 实习材料

细晶岩、花岗伟晶岩。

2. 要求

(1) 描述伟晶岩标本中的矿物组合、结构特征。
(2) 了解伟晶岩中常见的文象结构，晶洞构造、晶线构造。
(3) 了解伟晶岩常见的内部分带构造，分析其形成过程。

三、实习观察提示

在岩浆-热液成矿系统中，岩浆演化到晚期会形成富挥发分的残余岩浆。残余岩浆固结形成的岩石会受到高温流体与其挥发分的影响，已经结晶的矿物受到复杂的叠加改造，或伴生一些"热液成因矿物"。这类地质过程常形成细晶岩、伟晶岩等以浅色矿物为主，成分与伴生的深成侵入岩差异较大的脉岩。

1. 细晶岩

细晶岩是一种以浅色矿物为主的脉岩，具典型的细晶结构，即细粒他形等轴粒状结构（图 9-1），手标本呈砂糖状外貌。细晶岩中角闪石、黑云母等暗色矿物含量较少，副矿物少。

细晶岩脉体较小，宽度不大，常与相应的中、深成侵入岩体相伴而生，偶尔也出现于岩体附近的围岩裂隙中，略晚形成。因此普遍认为细晶岩的成因与残余岩浆的侵位和结晶有关。大部分细晶岩脉是相应侵入岩体冷凝后，残余岩浆沿岩体及附近围岩中的裂隙充填而形成；少数细晶岩可能与变质深熔作用有关。

图 9-1　细粒他形等轴粒状结构细晶岩
(细晶岩的正交偏光照片显示长石、石英均为细粒他形等轴粒状结构)

2. 伟晶岩

伟晶岩是一种与各类深成岩有成因联系的浅成相脉岩,如正长伟晶岩、霞石正长伟晶岩、辉长伟晶岩、花岗伟晶岩等,其中自然界中最常见的是花岗伟晶岩,简称伟晶岩。

1) 伟晶结构

矿物晶体粗是伟晶岩有别于其他岩石的重要特征之一,它常比花岗岩中同种矿物晶体大几倍、几十倍,甚至几千倍,因此巨晶结构(伟晶结构)是伟晶岩所特有的结构(图版9-1)。例如,伟晶岩中已知最大的微斜长石重达100t,绿柱石重达320t,铌钽铁矿重达300kg,锂辉石晶体长达14m,黑云母面积达 $7m^2$,白云母面积达 $32m^2$。伟晶岩的粒度划分与一般的侵入岩不同,有其独特的标准:细粒为 0.5~2cm,中粒为 2~5cm,粗粒为 5~15cm,块状为大于15cm。

2) 常见其他结构

除伟晶结构外,在不同类型的伟晶岩中,常常发育一些共同的结构,常见的有文象结构和似文象结构、粒状结构、文粒结构等。此外,各种交代结构也广泛发育,如溶蚀结构和交代残余结构等。花岗伟晶岩的特征结构是长石和石英构成的文象结构(图版9-2)。

3) 内部分带构造

伟晶岩体内部的分带构造,表现为一条伟晶岩脉从边部到中心,其结构、构造、矿化特征等呈有规律的带状排列。发育完好的分带构造一般可划分4个带,即内核带、中间带、外侧带、边缘带。如图版9-1所示,内核带位于脉体中间,形态不规则,由石英块体及锂辉石组成;中间带由巨晶、块状钾长石,以及钠长石和白云母组成;外侧带是由文象结构长石、石英构成的文象岩带;边缘带是由细粒长石-石英构成的长英岩带。

4) 单向固结结构

单向固结结构(unidirectional solidification texture,UST)是浅成侵位的岩浆出溶过程中形成的一种特殊结构(图版9-1、图版9-3),一般由梳状石英与细晶(斑岩)岩交互生长而成,少数产于斑岩与围岩接触部位,其内的原生包裹体被认为是初始流体出溶的可靠记录。

四、拓展阅读

1. 伟晶结构成因

伟晶岩是由巨粒矿物组成的淡色结晶岩,是具有巨粒或粗粒结构的酸性至碱性脉岩,常呈脉状,并成群产出。伟晶岩矿物晶体很粗大,数厘米至数米,有时具带状构造。伟晶岩是富含挥发分的硅酸盐残浆侵入到火成岩或围岩裂隙中缓慢结晶而成的。按矿物的组合伟晶岩可以分为花岗伟晶岩、霞石正长伟晶岩和辉长伟晶岩;按形成过程中矿物种类的复杂程度,伟晶岩可分简单伟晶岩和复杂伟晶岩。花岗伟晶岩中除水晶、长石和白云母为重要矿产外,还经常伴生有含稀有元素的矿物,如绿柱石、铌钽铁矿等,故为稀有元素矿床的重要母岩。

伟晶岩因为经常含有大粒晶体而得名,具有粗粒或巨粒结构,粒径通常超过 50mm,晶体长度最大可以达到数米甚至 10m 以上,一般颜色较浅,是一种浅成岩,但常产于深成岩的体内或周围。伟晶岩包含的晶体经常是有价值的矿物。对于伟晶岩产生的原因,有多种解释。20 世纪中叶后,伟晶岩成因理论表现出以 Jahns 和 Burnham(1969)为代表的强调 H_2O 作用的熔体平衡分异结晶模型与以 London(1992)为代表的"非平衡结晶理论"之争。进入 21 世纪后,London(2014)的边界层熔体结晶分异模型与 Thomas 和 Davidson(2015)建立的液态不混溶模型的争论日益激烈。伟晶岩中的晶体生长速率必须非常缓慢,才能允许巨大的晶体在地壳的限制和压力下生长。因此,各种已知伟晶岩的生长机制可能涉及以下过程的组合:晶体成核率低,加上高扩散性,可以促使一些大晶体生长,而不是生成许多较小的晶体;高蒸气和水压,有助于扩散条件的改善;高浓度的助熔元素,如硼和锂,可降低岩浆或蒸汽中凝固的温度。

2. 文象结构成因及找矿意义

文象结构通常被认为由组成相当于长石、石英二组分体系共结比的岩浆在温度下降至共结点时,石英长石同时晶出形成。Fenn(1986)提出了文象结构形成的另一种成因观点,他认为:在水不饱和且过冷的条件下,熔体中钾长石快速生长,对于某些扩散速率较慢的元素(如 Si),钾长石生长速率大于 Si 在熔体中的扩散速率,导致在钾长石的生长面附近 Si 的活度增加,从而致使 SiO_2 在钾长石的生长面附近结晶,形成文象结构。同时,Fenn 还观察到,随着熔体中 H_2O 含量增加,熔体结晶形成文象结构的能力降低。Mungall(2002)提出,元素在熔体中的扩散,主要受控于熔体的黏度。因此,London(2008)认为,正是熔体中 H_2O 的加入,导致熔体黏度降低,加速了 Si 的扩散,从而不能在钾长石的生长面形成堆积而结晶,致使文象结构不能形成。

文象结构形成于一种黏度较高且过冷的熔体环境中,受黏度影响很大。当熔体中含有降低或者增加黏度的元素时,会导致文象结构的缺乏或者发育。因此,基于此成因观点,可利用伟晶岩中文象结构发育程度来指导找矿,尤其是铍矿和锂矿。当熔体中 Be 含量增加时,会导致熔体的黏度增加,从而有利于文象结构的形成。例如,新疆阿尔泰地区阿祖拜、佳木开等地铍矿化伟晶岩中往往发育文象结构。当熔体中 Li 含量增加时,与 H_2O 类似,会导致熔体的黏度降低,从而不利于文象结构的形成。例如,库卡拉盖和卡鲁安等地出露的锂矿化伟晶岩,缺乏文象结构。

3. 内部分带构造成因

由于熔体-溶液在构造裂隙中进行分异交代作用,伟晶岩脉内部就形成了不同结构带。不同结构带可形成不同稀有元素矿化,一般伟晶岩可由2～3个带组成,3个带一般为文象带、块状微斜长石带和石英核。而产于一些构造活动带变质岩中的,则分带不明显,多成混杂条带状。此外,伟晶岩在空间上还有另一个共同的特点,即越远离母岩或从深部到浅部,伟晶岩交代作用越强、稀有元素矿化越富。

边缘带:主要由细粒结构的钾长石、石英构成,又称细粒结构带。该带厚度一般很小,从几厘米到十几厘米,形状不规则且不连续,一般不含矿。

外侧带:由文象结构和粗粒结构的长石、石英所组成,又称文象粗粒结构带。该带厚度较大,但不稳定,一般不含矿。

中间带:该带位于外侧带和内核带之间,主要由巨晶、块状的微斜长石和石英组成,厚度较大,连续性较好,又称块状钾长石-石英带。此带矿化发育,是稀有、稀土金属矿产及白云母、长石的富集地段。

内核带:形态常不规则,常位于伟晶岩脉中间,特别是其膨胀部分的中心,通常由石英块体或石英、锂辉石块体组成。在内核中心部位有时出现晶洞(图版9-1、图版9-4),并有宝石类矿物产出。

4. 单向固结结构成因

单向固结结构常产于含矿斑岩体顶部及边缘,与斑岩矿床关系密切。关于单向固结结构的成因,目前存在岩浆和热液两种起源假说,虽然其成因有争议,但其形成于岩浆-热液过渡阶段,记录了斑岩矿床早期成矿流体生成、聚集及排泄等过程是毋庸置疑的。

Shannon等(1982)针对Henderson矿床的详细研究论文堪称UST岩石学研究的代表作,该文详细描述了花岗质岩脉的矿物组成、形态、颗粒大小及空间分布和变化情况,指出岩石的特殊结构有3种主要类型,即锯齿状石英(或长石)层、树枝状石英(或长石)层、石英/长石交互生长层,并用冶金术语"单向固结结构"统一命名。该文的观察强调这些特殊结构主要分布于岩体的接触带,并发现单向固结结构中的石英(或长石)层总体上平行于接触带,且具有由岩体边缘向岩体中心单向固结的特征,因此可用来指示不同岩株之间的早晚关系。

此后,随着Shannon等(1982)所定义的Ⅰ类单向固结结构(即单向固结结构)在众多的斑岩型钨、钼、铜矿床中被接连发现,有关其成因的研究也相应地进入了一个新的高度。如Shaver(1988)在研究美国内华达州的Hall斑岩钼矿时,发现含树枝状结构的细晶岩内的裂隙被单向固结结构充填,由于Shaver(1988)认为细晶岩中的裂隙是因岩体冷凝收缩而形成,因此他推测单向固结结构是从岩浆出溶的热液中沉淀出来的。Kirkham和Sinclair(1988)在综述了美国、加拿大等地20多个斑岩钨、钼、铜矿床中的单向固结结构的基础之上,提出了单向固结结构形成的岩浆热液起源模式:矿物的结晶会致使浅成侵位的岩浆岩在某一时刻达到挥发分饱和而引发流体出溶(即二次沸腾),出溶的岩浆热液通常会聚集在岩体的顶部,因冷凝形成单向固结结构;与此同时,聚集在岩体顶端的挥发分会因过压而使围岩发生破裂,引发挥发分的逃逸,进而引起残留的岩浆发生淬火而形成细晶岩。

5. 世界上最大的单体伟晶岩矿床:新疆可可托海三号矿脉

新疆富蕴县的可可托海国家地质公园是中国第一个以典型矿床和矿山遗址为主体景观的国家地质公园,其主体是在可可托海三号矿脉遗址基础上开发形成的,同时景区还包含阿尔泰山典型花岗岩地貌景观和富蕴大地震遗迹,具有丰富多样的科学内涵和美学意义。这些地质遗产的集中产出,构成了新疆环准噶尔旅游线上亮丽的一道风景线。

可可托海三号矿脉是世界级的花岗伟晶岩矿床,与世界上同类矿脉相比,可可托海三号矿脉中的铍资源储量居世界第一。该矿脉同时产出锂(Li)、铍(Be)、铌(Nb)、钽(Ta)、铷(Rb)、铯(Cs)等多种稀有金属,曾经是我国重要的战略资源基地。这些金属元素由于在地壳岩石中含量稀少,被称为稀有金属,它们在原子能、航天航空器材、电子器件、冶金、化工等方面有十分重要的用途。从1949年到20世纪90年代可可托海三号矿脉开采完毕,这里一直为我国的科学技术发展提供了重要的支持。这里产出的金属资源曾在20世纪60年代出口苏联,为我国换回重要的技术、经济援助,由于该矿脉的重要性和安全保密工作需要,这里一度在国内所有文献中以特定编号指代且不允许直书地名。因为如此特殊的历史,可可托海三号矿脉被认为是影响我国工业化进程的重要功勋矿山之一。

流经可可托海的额尔齐斯河源自新疆阿尔泰山,西出中国国境入哈萨克斯坦,再入俄罗斯,在西伯利亚大平原上汇入鄂毕河后,流向北冰洋。20世纪30年代,苏联的地质学者通过勘察,发现额尔齐斯河中下游的河流淤泥中,存在稀有金属元素的高含量异常,因此推测在额河源头可能蕴藏着规模巨大的稀有金属矿。1935年,以赫洛舍夫为首的苏联地质调查团溯额尔齐斯河而上,来到可可托海,发现了包括后来名满天下的三号矿脉在内的8处绿柱石产地。前述的珍贵稀有金属主要赋存在花岗伟晶岩中的锂辉石、绿柱石、铌钽铁矿、锂云母、铯榴石等矿物中,这些发现及后续的系统勘探逐步揭开了可可托海世界级稀有金属矿床的面纱。事实上,可可托海的哈萨克族牧民,很早以前就在这里发现了绿柱石等矿物晶体,并采集作为珠宝装饰物,只是当时他们并不知道,这些六方柱状、颜色呈黄绿色和翠绿色的漂亮绿柱石就是最重要的含铍矿物。可可托海稀有金属矿产自花岗伟晶岩脉中,而花岗伟晶岩脉几乎遍及阿尔泰山,它不但产出稀有金属矿,还因为伟晶岩中丰富多彩的矿物晶体造就了北疆的宝石之乡。其中最著名的宝石包括绿柱石、海蓝宝石、锂辉石、紫水晶、芙蓉石、石榴石,以及由彩色电气石形成的各种碧玺等。据媒体报道,三号脉矿坑曾经开采出16kg的海蓝宝石、17kg的黄玉、60kg的铌钽矿单晶、500kg的水晶、12t的石榴石和30t的绿柱石晶体等。令人惊讶的是,仅在可可托海三号矿脉这一个脉体中,科研工作者已经发现了84种新矿物,使得该矿体被誉为天然矿物博物馆。随着地质公园的建成,这里丰富的展品使可可托海成为全国少有的"宝石之乡",还是世界罕见的"天然矿物陈列馆"。

五、思考题

(1)伟晶岩脉的内部分带构造分别对应何种晶体生长条件？

(2)伟晶岩脉与热液成矿作用之间的内在联系是什么？

参考文献

李建康,李鹏,严清高,等,2021.中国花岗伟晶岩的研究历程及发展态势[J].地质学报,95(10):2996-3016.

FENN P M,1986. On the origin of graphic granite[J]. American Mineralogist,71(3):325-330.

JAHNS R H, BURNHAM C W,1969. Experimental studies of pegmatite genesis:I. A model for the derivation and crystallization of granitic pegmatites[J]. Economic Geology. 64(8):843-864.

KIRKHAM R V, SINCLAIR W D,1988. Comb quartz layers in felsic intrusions and their relationship to porphyry deposits[M]//TAYLOR R P , STRONG D F. Recent advances in the geology of granite-related mineral deposits. Montreal:Canadian Institute of Mining and Metallurgy Special.

LONDON D, 1992. The application of experimental petrology to the genesis and crystallization of granitic pegmatites[J]. The Canadian Mineralogist,30(3):499-540.

LONDON D,2014. A petrologic assessment of internal zonation in granitic pegmatites[J]. Lithos, 184-187:74-104.

MUNGALL J,2002. Roasting the mantle:Slab melting and the genesis of major Au and Au-rich Cu deposits[J]. Geology,30(10):915-918.

PHELPS P R, LEE C T A, MORTON D M,2020. Episodes of fast crystal growth in pegmatites[J]. Nature communications,11(1):1-10.

SHANNON J R, WALKER B M, CARTEN R B, GERAGHTY E P, 1982. Unidirectional solidification textures and their significance in determining relative ages of intrusions at the Henderson Mine, Colorado[J]. Geology,10(6):293-297.

SHAVER S A,1988. Petrology, petrography, and crystallization history of intrusive phases related to the Hall (Nevada Moly) molybdenum deposit, Nye County, Nevada[J]. Canadian Journal of Earth Sciences,25(7):1000-1019.

THOMAS R, DAVIDSON P,2015. Comment on "A petrologic assessment of internal zonation in granitic pegmatites" by David London (2014)[J]. Lithos, 212-215:462-468.

实习十　碱性岩成因分析

一、目的

(1) 掌握碱性岩定义；了解狭义、广义碱性岩的定义与范围。
(2) 掌握碱性岩在岩浆岩中的分类位置及亚类划分。
(3) 了解碱性岩成因及成矿特点。

二、实习材料与要求

1. 实习材料

(1) 碱性侵入岩（霓辉正长岩，薄片）。
(2) 碱性喷出岩（白榴石响岩，薄片）。

2. 要求

(1) 了解典型碱性暗色矿物的镜下鉴别特征。
(2) 依据观察的现象进行碱性岩的分类。

三、实习观察提示

(1) 碱性侵入岩常见半自形粒状结构，碱性喷出岩多具有斑状结构，也常见碱性长石半定向排列构成的流动状线理、似长石充填期间构成的似粗面结构。

(2) 受各阶段岩浆成分与结晶条件的影响，碱性岩中的结晶顺序远比鲍文反应序列复杂。

(3) 碱性喷出岩的基质中常出现含碳酸盐和钠长石的球粒（Rock，2013），部分学者认为它们可能是岩浆演化后期发生流体－熔体的不混溶作用，从流体相中结晶析出的（刘秉翔等，2021）。

(4) 暗色矿物的种属鉴定对碱性岩分类具有重要意义。以下为几种常见碱性暗色矿物的鉴别特征。

钠闪石（Rbk）$Na_2Fe_3Fe_2[Si_4O_{11}]_2(OH)_2$

钠闪石（Riebeckite）是富含 Na、Fe 的碱性角闪石，单斜晶系，但常含少量 Mg、Ca、Al 等。钠闪石晶体常呈柱状或针状，集合体呈纤维状；具有玻璃光泽，呈暗蓝色或暗黑色的棱柱状晶体，条痕蓝灰色；完全解理平行{110}，硬度 5，相对密度 3.02~3.42。

霓石（Aeg）$NaFe^{3+}[Si_2O_6]$

霓石（Aegirine）是单斜辉石亚族的种属，颜色从绿色到浅绿黑色，条痕无色，玻璃光泽；具

{110}完全解理,解理夹角87°,硬度6,相对密度3.55～3.60;常呈针状、柱状,单形较多样。霓石(100)、(010)晶面不发育,横切面有时呈类似角闪石式的六边形,有时柱状晶体端面相交成钝角。霓石常含有Ca、Mg、Fe^{2+}及Ti、Mn、K、Be、Zr等,比普通辉石含有较多的Na_2O和Fe_2O_3,可以将它看作是Na、Fe^{3+}成对置换透辉石中Ca、Mg的产物。成分介于霓石和普通辉石类质同晶系列中间的成员称为霓辉石,它们含霓石分子15%～70%。霓石以明显的多色性、负延性、负光性符号与其他单斜辉石相区分。霓石以辉石式解理、正极高突起、反吸收性、干涉色高及负延性区别于普通角闪石。

霞石(Ne) $KNa_3[AlSiO_4]$

霞石(Nepheline)是一种含有铝和钠的架状结构硅酸盐矿物,属六方晶系,无色或白色,有时也呈灰色、绿色或红色,玻璃光泽,断口呈脂肪光泽。霞石不很稳定,多为沸石和钙霞石所替代,也可变成长石和绢云母的集合体。霞石次生变化后常呈肉红色,使岩石具有一种"红疹状"斑点;或者它被熔蚀后使岩石表面呈现出一个个凹洞,颇具特色。

四、拓展阅读

1. 碱性岩定义与分类

国际地质科学联合会(International Union of Geological Sciences,IUGS)推荐岩石分类方案中(Le Maitre et al.,2005),严格意义上的碱性岩是实际出现似长石矿物或碱性辉石、碱性角闪石的岩浆岩,这类岩石在化学组成上表现为硅的强烈不饱和,CIPW标准矿物计算结果中似长石的含量较高(>10%),里特曼指数通常大于9。狭义的碱性侵入岩包括火成碳酸岩、似长石岩(如黄长岩类)、似长辉长岩、霓霞岩-霞石岩类、似长闪长岩、似长正长岩(如霞石正长岩,图版10-1、图版10-2)等,其浅成相常见碱性辉绿岩、白榴斑岩、霞石正长斑岩,严格意义上的碱性喷出岩包括碱玄岩、碧玄岩、响岩质碱玄岩、碱玄质响岩、响岩等(图版10-3、图版10-4)。广义的碱性岩包括实际不含似长石或碱性辉石、碱性角闪石,但CIPW标准矿物计算结果中出现少量(<10%)似长石的岩石,这类岩石的硅不饱和程度较低,里特曼指数大于3.3。广义的碱性岩在化学成分上对应于TAS图解中的碱性系列,因此除了上述狭义的碱性岩之外,广义的碱性岩还包括一些粗面玄武岩、玄武粗安岩、碱长粗面岩、粗面英安岩、石英正长岩(图版10-3)、碱长花岗岩等。

2. 碱性岩的成因与成矿特点

实验岩石学研究表明,碱性初始熔体既可以由软流圈地幔在较大的深度条件下经低程度部分熔融产生(Green and O'Hara,1971;Green and Liebermann,1976),也可以由富挥发分的地幔源区(如含CO_2的橄榄岩源区或富含角闪石、金云母的橄榄岩源区)发生不同程度部分熔融产生(Menzies and Murthy,1980;Edgar,1987;Foley,1992;Pilet et al.,2008),还可能涉及其他源区熔融的贡献(如俯冲洋壳变质形成的榴辉岩,Sobolev et al.,2007)。

碱性岩浆的结晶分异作用主要造成岩浆的硅不饱和程度增加,这与钙碱性岩浆的结晶分异作用效果相反。在透辉石-霞石-橄榄石-石英标准矿物四面体中(图10-1),广义的碱性岩(即TAS中的碱性系列)组成落入橄榄石-透辉石-斜长石平面的左侧。在小于1.5GPa的低压条件下,橄榄石-透辉石-斜长石平面是一个热障(thermal divide),碱性岩浆会优先结晶这些矿物,促使残余熔体向富霞石标准矿物的方向演化,即增加残余熔体的硅不饱和程度(图10-2);在大于的1.5GPa高压条件下,钙契尔马克分子-单斜辉石-紫苏辉石平面是一个热障,结晶分异过程依旧是增加残余熔体的硅不饱和程度。

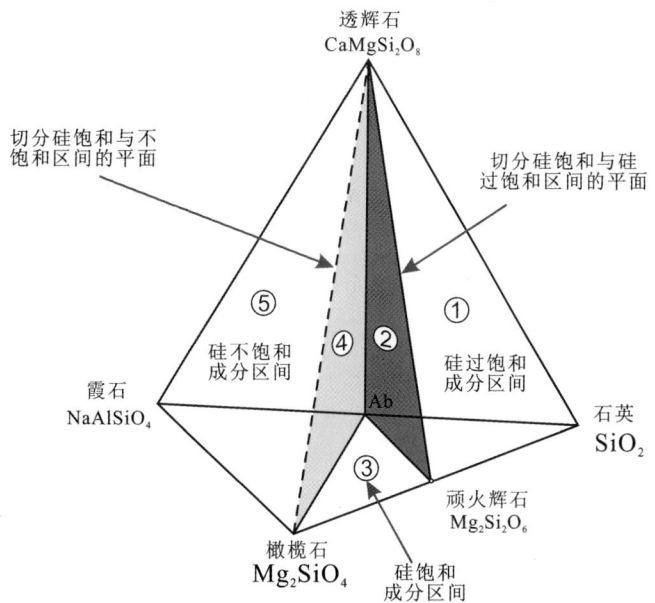

图 10-1　解释熔体性质差异的透辉石-霞石-橄榄石-石英成分四面体

①所标记的区域为硅过饱和熔体成分的空间;③所标记的区域为硅饱和熔体成分的空间;①区域与③区域由透辉石-顽火辉石-钠长石(Ab)平面②所分割;⑤区域为硅不饱和熔体成分的空间;⑤区域与③区域由透辉石-橄榄石-钠长石平面④所分割

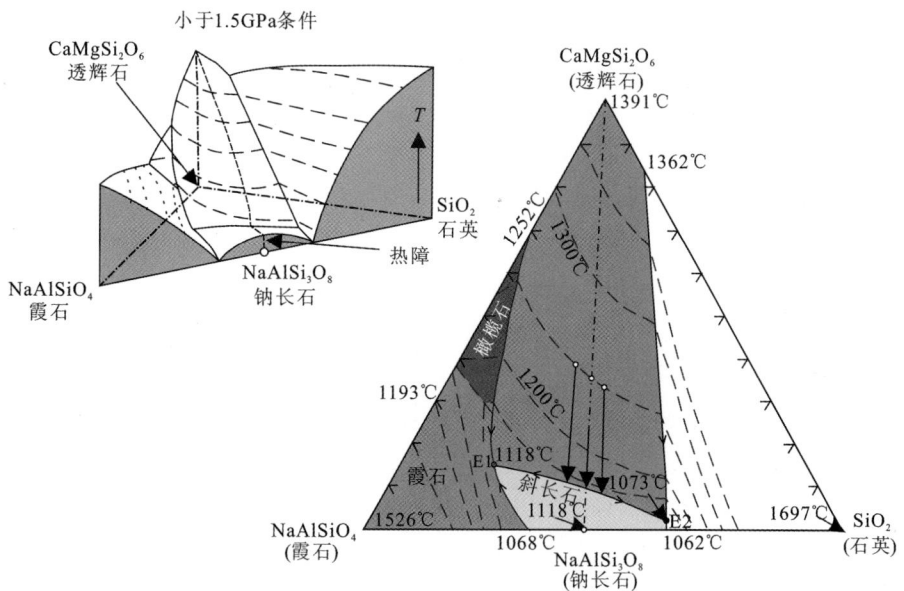

图 10-2　小于1.5GPa压力条件下碱性岩浆结晶分异作用的热障示意图

硅不饱和的碱性岩常与硅饱和岩石甚至硅过饱和岩石组成杂岩体,这种同源产出现象显然不符合上述的碱性岩浆演化规律,因此需要引入外部条件的改变来解释岩浆系统如何克服"热障效应",从而使二者能够在一个杂岩体内共生。已知可能的具体原因包括:①挥发分含量的变化或相图涉及组分之外的成分影响(如 Fe 的影响);②复杂的结晶分异、选择性矿物溶解和反应;③体系水压的增加;④贫硅矿物的结晶分异作用,如角闪石和磁铁矿结晶分离促使岩浆向硅饱和方向演化;⑤硅不饱和岩浆在开放体系下与富硅地壳物质发生同化混染与分异结晶作用,或与壳源熔体混合而向硅饱和岩浆演化;⑥硅饱和-过饱和岩浆在开放体系下与极度贫硅的岩浆(如碳酸岩浆)反应形成硅不饱和岩浆。在实际地质环境中,硅不饱和岩石与硅饱和-过饱和岩石的关系及它们同源产出的机制实际上是非常复杂的(赵振华等,2002)。

在地球上,大陆与大洋环境均有碱性岩产出,它们的起源、演化、就位过程有着巨大的差异(Fitton and Upton,1987;Niu and O'Hara,2003;Niu,2008),碱性岩也是探索地球深部物质组成与演化规律的重要研究对象。从全球尺度上看,碱性岩虽然数量较少且通常体积较小,但却蕴含着多种矿产,已知与其有关的金属矿化有铁、铜、金、锌、锡、稀土、铀、钍、铅、锆、铌、钽、钒、铍、铪等(聂凤军等,2010),相关非金属矿化有萤石、磷灰石、重晶石、方钠石、石棉及一些宝石、玻璃等,因此碱性岩类具有独特的经济价值(Pirajno,2015)。

五、思考题

(1)含似长石的碱性岩中有石英吗?为什么?

(2)在硅酸盐熔体中,高含量的挥发分与碱金属元素对熔体结构有哪些影响?

(3)碱性岩中常见哪些类型的蚀变?与哪些矿物的分解或反应有关?

(4)碱性硅酸盐熔体与其他岩石发生熔岩反应时,会优先熔蚀消耗哪些矿物?反应后的熔体成分有何变化?

参考文献

刘秉翔,张招崇,程志国,2021. 煌斑岩的分类、特征及成因[J]. 地质学报,95(2):292-316.

聂凤军,江思宏,刘翼飞,等,2010. 碱性岩浆活动与铜、金和铀成矿作用[J]. 矿床地质,29(S1),247-248.

赵振华,熊小林,王强,等,2002. 我国富碱火成岩及有关的大型—超大型金铜矿床成矿作用[J]. 中国科学:D辑(z1):1-10.

EDGAR A D,1987. The genesis of alkaline magmas with emphasis on their source regions: inferences from experimental studies[J]. Geological Society, London, Special Publications,30(1):29-52.

FITTON J G, UPTON B G J,1987. Alkaline igneous rocks[M]. London:Blackwell Publishing.

FOLEY S,1992. Petrological characterization of the source components of potassic magmas: geochemical and experimental constraints[J]. Lithos,28(3-6):187-204.

GREEN D H, LIEBERMANN R C, 1976. Phase equilibria and elastic properties of a pyrolite model for the oceanic upper mantle[J]. Tectonophysics, 32(1-2):61-92.

GREEN D H, O'HARA M J, 1971. Composition of basaltic magmas as indicators of conditions of origin: application to oceanic volcanism[J]. Philosophical Transactions for the Royal Society of London. Series A, Mathematical and Physical Sciences, 268 (1192): 707-725.

KOGARKO L N, ROMANCHEV B P, 1983. Phase equilibria in alkaline melts[J]. International Geology Review, 25(5):534-546.

LE MAITRE R W, STRECKEISEN A, ZANETTIN B, et al., 2005. Igneous rocks: a classification and glossary of terms: recommendations of the International Union of Geological Sciences Subcommission on the Systematics of Igneous Rocks[M]. Cambridge, Eng: Cambridge University Press.

MENZIES M, MURTHY V R, 1980. Mantle metasomatism as a precursor to the genesis of alkaline magmas-isotopic evidence[J]. American Journal of Science, 280: 622-638.

NIU Y, O'HARA M J, 2003. Origin of ocean island basalts: A new perspective from petrology, geochemistry, and mineral physics considerations[J]. Journal of Geophysical Research: Solid Earth, 108(B4):1-19.

NIU Y, 2008. The origin of alkaline lavas[J]. Science, 320(5878):883-884.

PILET S, BAKER M B, STOLPER E M, 2008. Metasomatized lithosphere and the origin of alkaline lavas[J]. Science, 320(5878):916-919.

PIRAJNO F, 2015. Intracontinental anorogenic alkaline magmatism and carbonatites, associated mineral systems and the mantle plume connection[J]. Gondwana Research, 27 (3):1181-1216.

ROCK N M S, 2013. Lamprophyres[M]. New York: Springer Science & Business Media.

SOBOLEV A V, HOFMANN A W, KUZMIN D V, et al., 2007. The amount of recycled crust in sources of mantle-derived melts[J]. science, 316(5823):412-417.

实习十一　碳酸盐熔体与火成碳酸岩成因分析

一、目的

(1)理解碳酸盐熔体的存在。
(2)了解碳酸盐熔体的结构特点。
(3)了解火成碳酸岩的分类、成因及成矿特点。

二、实习材料与要求

1. 实习材料

火成碳酸岩(方解石碳酸岩,薄片)。

2. 要求

(1)认识火成碳酸岩的主要矿物组成。
(2)初步掌握鉴别碳酸岩是岩浆成因或沉积成因的方法。

三、实习观察提示

(1)利用茜素红染色是分辨方解石与白云石的有效方法。使用时方解石会被染红,白云石不着色。
(2)火成碳酸岩中常出现碱性暗色矿物、似长石等硅不饱和矿物。

四、拓展阅读

1. 火成碳酸岩定义及分类归属

火成碳酸岩是指主要由体积分数大于50%的碳酸盐矿物(包括方解石、白云石、铁白云石等)组成的岩浆岩,它们的SiO_2含量通常小于20%。火成碳酸岩在岩浆岩分类中归属过碱性系列,常含有霞石、黄长石、碱性暗色矿物等,且常与超基性碱性岩共生。

2. 碳酸盐熔体及其结构

《火成岩成因》第一章中较为系统地介绍了硅酸盐熔体的结构与性质,此处不再重复。与硅酸盐熔体相比,碳酸盐熔体的结构研究起步较晚且研究成果相对较少。20世纪末期,人们意识到碳酸盐熔体可以作为熔融碳酸盐型燃料电池的电解质材料,或在一些冶金过程中可以作为重要的溶剂材料。同时这一时期的物理化学表征实验精度大幅度提高和模拟计算手段迅速发展,也对碳酸盐熔体结构的研究得到显著的推进。

理想的碳酸盐熔体是由碳酸盐 CO_3^{2-} 阴离子和金属阳离子组成的离子液体,其内部相互作用主要受控于阴阳离子团之间的库仑相互作用,自由碳酸根离子 CO_3^{2-} 结构属平面 D_{3h} 点群。不同于硅酸盐熔体具有硅氧四面体构成的稳定可聚合单元,碳酸盐熔体中的金属阳离子和碳酸盐阴离子之间为离子键连接,没有明确的绑定关系(Treiman and Schedl 1983)。因此碳酸盐熔体与硅酸盐熔体的物理化学性质截然不同,后者以具有聚合性的网络结构(Mysen 1983)为特征(图版 11-1)。碳酸盐熔体具有离子化特性,且以不能聚合形成网络结构为它们最基本的特征,这是阳离子团的电子分布和 CO_3^{2-} 离子团的分子键构型的结果。对比 Si^{4+} 和 C^{4+} 的电子结构,它们两者的最外层电子具有相似的电子占位,即 Si^{4+}($3s^2 3p^2$)和 C^{4+}($2s^2 2p^2$),由此人们预期它们会有类似的成键特性。然而,Si 和 C 的电负性(electronegativities)不同,分别为 1.9 和 2.6,造成 Si-O 键的极化程度比 C-O 键低。Si^{4+} 具有较小的离子半径(0.34)决定了 Si 与氧以四面体方式配合。Si^{4+} 很容易采用 sp^3 杂化方式与氧形成共价键。而 C^{4+} 较少受到最紧密堆积的限制,为满足较小的库仑相互作用而以 sp^2 杂化方式与氧原子结合。CO_3^{2-} 的 sp^2 杂化方式成键的结果是在 C 和 O 之间形成了两个 pπ 键,分别位于由 C 和 O 的 p 轨道所构平面的上方和下方。pπ 键的存在不光导致了一个双键形成(这个双键在 3 个 C-O 键上共享),而且还导致每个氧在分子平面上的方向只具有孤对 p 轨道(lone pair p-orbitals)且没有可自由结合的 p 轨道(free bonding p-orbital)。正是这个原因,不同于 SiO_4^{4-} 的四面体结构,CO_3^{2-} 形成的离子团没有可用于形成共价键的未配对轨道(图版 11-1),碳酸盐熔体因此不能发生高效率、有规则的聚合。

另外,从不同种属碳酸盐的相关系、金属在碳酸盐熔体中的溶解度曲线、碳酸盐玻璃的光谱学特征和分子动力学模拟中得到的综合证据(如熔体密度波动、拉曼震动位移等)表明,碳酸盐熔体应该含有比 CO_3^{2-} 体积更大的结构。在碱金属离子的影响下,CO_3^{2-} 的 D_{3h} 对称性结构将受到不同程度的影响/破坏,一些金属阳离子与 CO_3^{2-} 的组合在短程内可能仍然保持着与晶体结构相似的有序性特点。例如在液态 Li_2CO_3 中 Li-O 之间以四配位为主,O-Li-O 的键角约 110°,Li-O 与 O-O 离子之间的距离也和 Li_2CO_3 晶体中的相近,表明 Li_2CO_3 熔体中存在与晶体中类似的锂氧四面体结构;而对 K_2CO_3 的模拟也表明在熔体中存在与晶体中相近的钾氧六配位八面体结构,Na_2CO_3 熔体的情况介于锂盐和钾盐之间而接近 K_2CO_3。对碳酸盐玻璃的分析显示,碱土元素(Ca 和 Mg)作为桥接阳离子,通过离子键将碳酸盐基团连接起来形成不固定网络结构。而其他成分,如 K,则充当了网络改性剂支持柔性网络中的局部环状结构(Genge et al., 1995b)。水等挥发分的作用则同样非常复杂(Foustoukos and Mysen, 2015)。因此,人们将碳酸盐熔体的结构设想为由金属碳酸盐络合物构成的柔性网络,这个网络可以容纳其他阳离子作为修饰物。

3. 火成碳酸岩的结构与构造

火成碳酸岩的宏观构造常为块状,或由富碳酸岩矿物(方解石或铁白云石等)和富含其他矿物的部分(如金属氧化物、角闪石、辉石等)组成明暗相互交替的条带状构造。火成碳酸岩中常见各种粒状镶嵌结构、不等粒粒状结构(图版11-2～图版11-5),受到岩浆后期复杂流体活动的影响,也常形成一些矿物反应边结构。

4. 火成碳酸岩的形成过程

碳酸岩形成至少经历了3个阶段:岩浆阶段、岩浆期后阶段(气相碳酸岩/岩浆热液阶段)、交代碳酸岩阶段。而作为与碳酸岩在空间和成因上有密切联系的基性、超基性岩、碱性岩杂岩体,其形成则经历了碳酸岩成岩阶段以前的岩浆不混熔作用、结晶分异作用、岩浆结晶作用及碳酸岩形成之后的围岩蚀变作用(霓长岩化,秦朝建和裘愉卓,2001)。

1) 碳酸岩岩浆的产生

从野外产状上来看,相当比例的火成碳酸岩都与硅不饱和的基性、超基性的碱性杂岩体存在伴生关系。很多情况下后者的全岩成分接近霞石岩,霞石岩质熔体溶解CO_2的能力很强,在无水条件下可以溶解最多1.4%的CO_2,不但强于一般的幔源岩浆,而且明显强于其他的碱性岩熔体,因此人们推测相当数量的火成碳酸岩的母岩浆成分主要为碳酸盐化霞石岩岩浆。当碳酸盐化霞石岩岩浆中溶解的CO_2达到过饱和的条件后,会出现以下3种情况:①CO_2以C-O-H气相的形式离开岩浆体系,即发生岩浆脱气作用(magma degassing);②发生以方解石和菱镁矿等碳酸盐矿物为主的分离结晶作用;③形成不混溶的碳酸盐熔体(碳酸岩岩浆)。实际上,如果体系发生岩浆脱气将大部分碳释放之后,残余岩浆将是以硅酸质成分为主,无法再形成碳酸质岩浆。因此只有分离结晶或液态不混溶两种作用能够使得既有硅酸盐组分又有碳酸盐组分的初始岩浆演化形成碳酸岩岩浆。

碳酸盐化地幔橄榄岩或碳酸盐化榴辉岩可以通过小比例部分熔融(0.03%～0.3%)直接产生碳酸盐质熔体,即碳酸岩岩浆,但如此产生的碳酸岩岩浆体积小,可能是自然界中占比较少的一种情况。近年来的岩石学研究仍在探索多种源区物质通过不同的熔融条件形成碳酸盐熔体的可能路径(图11-1;Chen et al., 2021)。

2) 分离结晶作用

在简单体系$CaO-MgO-SiO_2-CO_2$中,2.5GPa的相平衡实验表明硅酸盐和碳酸盐矿物可以沿同结线(cotectic line)从熔体中结晶,如果相当比例的硅酸盐矿物发生结晶分异,残余的岩浆成分将以碳酸盐为主,形成碳酸盐岩浆。在一定条件下,分离结晶作用还可以导致碳酸盐岩浆成分发生重大改变。例如使用冷封式高压釜在地壳温压条件下研究Na-K-Ca碳酸盐体系结晶演化相平衡关系,发现钙质碳酸岩熔体通过方解石和磷灰石的分离结晶作用,可以演化形成钠质碳酸岩熔体(Weidendorfer et al., 2017)。

3) 液态不混溶作用

液态不混溶作用指一种岩浆在特定的温度压力下分离为两种组成不同但稳定共存的熔体的作用,其根本原因是熔体结构的不同。在东非坦桑尼亚伦盖伊火山(Oldoinyo Lengai volcano),人们在火山口直接观测到了霞石岩岩浆和钠质碳酸岩岩浆的同时喷出,证明了液态不混溶作用在地球岩浆系统中的存在。一般来说,岩浆液态不混溶作用可以导致:①硅酸盐-碳酸盐熔体的分离,从而形成碳酸岩(Freestone and Hamilton, 1980; Dasgupta et al.,

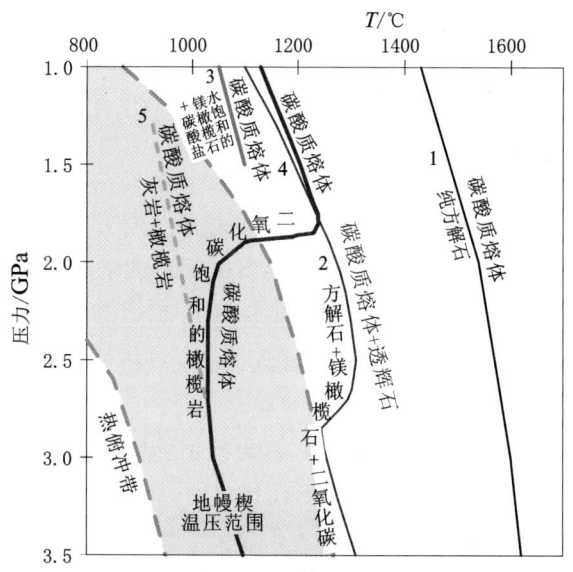

图 11-1 解释常见碳酸盐熔体产生路径与温度压力条件的二元相图

2006);②Fe-S-C-Si 系统的相分离,尤其是富铁的金属相与硅酸盐熔体的分离,这一过程对地核及其他类地行星核的形成有重要影响(Corgne et al.,2008);③硫化物熔体和硅酸盐熔体的相分离,可以形成铜镍(钴)硫化物矿床(Naldrett,1999)等。值得指出的是,不论是在实验还是自然界中,除上述 3 种液态不混溶作用以外,还可能发生在 2 种硅酸盐熔体之间(如富铁玄武质岩浆-富硅流纹质岩浆之间)的液态不混溶作用(Roedder and Weiblen,1970; Philpotts,1979; Veksler et al.,2007; Jakobsen et al.,2005,2011)。而且对简单成分体系开展的实验岩石学研究发现,碳酸盐熔体与硅酸盐熔体直接的不混溶作用总是先于分离结晶作用发生,是形成碳酸盐岩浆的重要机制。

4) 岩浆期后阶段(气相碳酸岩阶段/岩浆热液阶段)

岩浆演化过程中,分异出的以 CO_2 为主要成分的挥发分气体溶解于岩浆热液中,使热液成分转化为富 HCO_3^- 的酸性体系。随着环境温压的降低,溶于热液的碳酸盐组分会发生大量沉淀,即发生碳酸盐气相堆积作用,气相 CO_2 在这一过程中起到了重要的作用。而在温度下降明显而压力无明显变化的情况下,主要发生岩浆热液的直接结晶作用。岩浆热液可能含有较为丰富的与成矿作用更密切的 FeO、TiO_2、Nb_2O_5、P_2O_5、F、Cl 等成分。这一阶段的结晶作用常造成稀土元素、重晶石、萤石的矿化。

5) 交代碳酸盐阶段

结晶分异后的岩浆流体仍然可能富含 CO_2、碱金属等成分,此类流体在已经固结的岩浆岩中迁移,会诱发其中的硅酸盐矿物通过碳酸盐化反应形成交代型碳酸岩。溶于热液中的 CO_2 在碳酸盐交代过程中起到了关键的作用。

6) 围岩蚀变(霓长岩化)阶段

交代残余流体仍然富含碱金属离子(如 K^+、Na^+ 等)、其他易溶盐类离子和 CO_2,在与大气水混合后不断运移,使围岩发生钾化、钠化,形成一套含有霓石、钾长石、钠长石、钠辉石、钠闪石、金云母等矿物的霓长岩化带。

5. 火成碳酸岩的成矿作用

火成碳酸岩有一定的成矿潜力,其主要的成矿类型为磷灰石-磁铁矿型和稀土矿型两大类。位于我国内蒙古自治区的白云鄂博矿是世界上最大的轻稀土矿床,其本身最初作为铁矿开采,早期铁矿储量达 14 亿 t,后转向稀土与铌矿开采。白云鄂博,蒙语又名为"白云博格都",意为"富饶的神山"。1927 年 7 月,我国地质专家丁道衡先生随中国西北科学考察团考察途中,首次发现白云鄂博主峰铁矿体。新中国成立初期,白云鄂博矿受到国家重视,被列为第一个五年计划的重点项目开展建设,该矿至今仍在生产。白云鄂博的铌矿储量 660 万 t,稀土矿工业储量 3600 万 t。白云鄂博矿的赋矿岩石是碳酸质次火山岩,矿区同时具有镁质碳酸岩和铁质碳酸岩组合,前者 $\omega(MgO) > \omega(FeO + MnO)$,而后者 $\omega(MgO) < \omega(FeO + MnO)$。矿区的地质证据、岩石地球化学特征还表明白云鄂博的铁矿体来自经历过分异结晶后的白云质碳酸岩浆,而非初始的白云质碳酸岩浆。白云鄂博的赋矿白云岩具有复杂的矿物组合,我国矿物学家从中发现了不少新矿物,主要是含稀土元素的矿物。

五、思考题

(1) 分析碳酸质岩浆的结晶过程,是否可以应用鲍文反应序列原理?
(2) 如何区分变质大理岩和火成碳酸岩?
(3) 发生不混溶作用后,分离的两相熔体会有哪些后续演化行为?
(4) 碳酸质岩浆构成的火山,喷发活动有哪些特点?这类火山喷发对气候、环境的影响如何?

参考文献

侯通,2017. 硅酸盐岩浆液态不混溶作用的理论基础概述[J]. 矿物岩石地球化学通报,36(1):14-25.

秦朝建,裘愉卓,2001. 岩浆(型)碳酸岩研究进展[J]. 地球科学进展,16(4):501-507.

CHEN C, FÖRSTER M W, FOLEY S F, et al., 2021. Massive carbon storage in convergent margins initiated by subduction of limestone[J]. Nature communications, 12(1):1-9.

CORGNE A, WOOD B J, FEI Y, 2008. C- and S-rich molten alloy immiscibility and core formation of planetesimals[J]. Geochemical et Cosmochimica Acta, 72(9):2409-2416.

DASGUPTA R, HIRSCHMANN M M, STALKER K, 2006. Immiscible transition from carbonate-rich to silicate-rich melts in the 3 GPa melting interval of eclogite+CO_2 and genesis of silica-undersaturated ocean island lavas[J]. Journal of Petrology, 47(4):647-671.

FOUSTOUKOS D I, MYSEN B O, 2015. The structure of water-saturated carbonate melts[J]. American Mineralogist, 100(1):35-46.

FREESTONE I C, HAMILTON D L, 1980. The role of liquid immiscibility in the genesis of carbonatites: an experimental study[J]. Contributions to Mineralogy and

Petrology, 73(2):105-117.

GENGE M J, JONES A P, PRICE G D, 1995a. An infrared and Raman study of carbonate glasses: implications for the structure of carbonatite magmas[J]. Geochim Cosmochim Acta, 59(5):927-937.

GENGE M J, PRICE G D, JONES A P, 1995b. Molecular dynamics simulations of $CaCO_3$ melts to mantle pressures and temperatures: implications for carbonatite magmas[J]. Earth Planet Sci Lett, 131(3-4):225-238.

JAKOBSEN J K, VEKSLER I V, TEGNER C, et al., 2005. Immiscible iron-and silica-rich melts in basalt petrogenesis documented in the Skaergaard intrusion[J]. Geology, 33(11):885-888.

JAKOBSEN J K, VEKSLER I V, TEGNER C, et al., 2011. Crystallization of the Skaergaard intrusion from an emulsion of immiscible iron-and silica-rich liquids: evidence from melt inclusions in plagioclase[J]. Journal of Petrology, 52(2):345-373.

JONES A P, GENGE M, CARMODY L, 2013. Carbonate melts and carbonatites[J]. Reviews in Mineralogy and Geochemistry, 75(1):289-322.

MYSEN B O, 1983. The structure of silicate melts[J]. Annual Review of Earth and Planetary Sciences, 11(1):75-97.

NALDRETT A J, 1999. World-class Ni-Cu-PGE deposits: key factors in their genesis[J]. Mineralium deposita, 34(3):227-240.

PHILPOTTS A R, 1979. Silicate liquid immiscibility in tholeiitic basalts[J]. Journal of Petrology, 20(1):99-118.

ROEDDER E, WEIBLEN P W, 1970. Silicate liquid immiscibility in lunar magmas, evidenced by melt inclusions in lunar rocks[J]. Science, 167(3918):641-644.

TREIMAN A H, SCHEDL A, 1983. Properties of carbonatite magma and processes in carbonatite magma chambers[J]. The Journal of Geology, 91(4):437-447.

VEKSLER I V, DORFMAN A M, BORISOV A A, et al., 2007. Liquid immiscibility and the evolution of basaltic magma[J]. Journal of Petrology, 48(11):2187-2210.

WEIDENDORFER D, SCHMIDT M W, MATTSSON H B, 2017. A common origin of carbonatite magmas[J]. Geology, 45(6):507-510.

YANG D M, PAN R H, WANG M, et al., 2022. Current research progress and emerging trends in experimental study of mineralized carbonatite[J]. Earth Science Frontiers, 29(1):054-064.

YAXLEY G M, ANENBURG M, TAPPE S, et al., 2022. Carbonatites: Classification, sources, evolution, and emplacement[J]. Annual Review of Earth and Planetary Sciences, 50:261-293.

实习十二　岩石结构定量化分析

一、目的

(1)掌握二维截面法进行晶体粒度分布测量的步骤。
(2)了解岩石结构定量化分析的原理和流程。

二、实习材料和要求

1. 实习材料

岩浆岩露头、岩石薄片图像。

2. 要求

(1)了解定量化岩相学分析思路及步骤。
(2)运用二维截面法开展晶体粒度分布研究。
(3)运用 Photoshop、ImageJ、CSDCorrections 软件分析判断晶体生长经历的过程。

三、二维截面法操作步骤

岩石晶体粒度分布(Crystal Size Distribution)的二维截面分析可分为 8 个步骤(杨宗峰等,2020),以球状岩石样品为例。

(1)获取照片。根据样品特点选取合适的观测方式,获得待分析区域的照片(图 12-1)。在绘图软件中描绘一种或多种矿物的轮廓图并填充颜色,不同颗粒的边界不能重合。为了使矿物含量计算结果更接近真实值,需要在描绘区域最外侧沿着相邻两个颗粒边缘的中点用曲线连接一个待分析区域。用与矿物填充色不同的颜色画出线段比例尺。描绘好的矿物轮廓图用 RGB 颜色模式导出 tif(即 TIFF,Tagged Image File Format)格式的图,图像分辨率需要根据样品具体特征确定,通常不小于 600 dpi。分辨率不够时,统计的颗粒数会小于实际圈画的数目。

(2)确定统计范围。安装 ImageJ 软件,此软件可免费下载使用。在 ImageJ 软件中的 File 菜单下(图 12-2),打开上一步获得的矿物轮廓描绘图,用魔棒工具选中待分析区域内侧边界线(选中时会变为黄色),随后软件可以统计计算黄色线区域内部的颗粒相关参数。当圈画的样品区域是矩形,颗粒数较多(>1000 颗)且不存在异常大的颗粒时,可以不用魔棒工具,直接统计计算矩形内的颗粒。

实习十二 岩石结构定量化分析

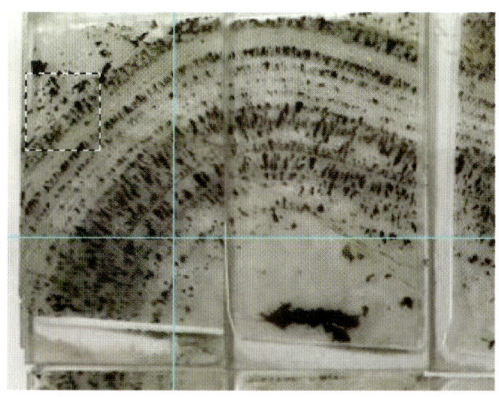
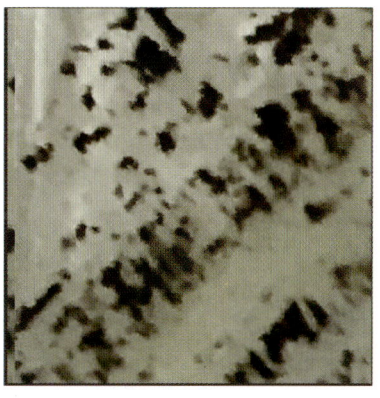

图 12-1 选定待分析区域（以球状岩样品为例）

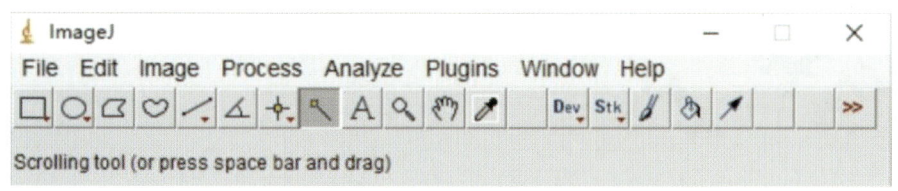

图 12-2 ImageJ 软件的操作界面

（3）修改图片格式。在 Image 菜单下将图片格式（Type）改为 8-bit，修改之后所有颗粒会变成灰色，但边界线依然是黄色的。在 Image 菜单下选择 Adjust 选项中的 Threshold 将图片调整变为黑白两色（图 12-3）。Threshold 对话框中可以选择不同灰度的对象，通过改变灰度值的范围可以把边界线和比例尺隐藏，只保留待分析的颗粒，注意此时黄色曲线依然存在，随后分析的颗粒均为黄色曲线内部的。

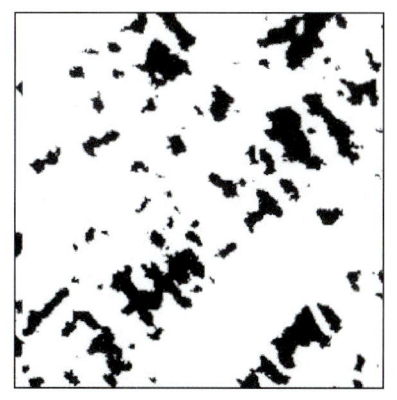

图 12-3 将阈值 Threshold 调为黑白两色

（4）设置统计参数及比例尺。在 Analyze 菜单下的 Set Mesurements 选项中设置需要测量的参数。面积（Area）、质心（Centroid）、椭圆拟合（Fit Ellipse）和含量（Area Fraction）为必选项。根据图像分辨率和颗粒大小，设置计算结果保留的有效数字位数（Decimal Places），通常保留四位。根据导入图片中的比例尺计算已知距离，已知距离的具体算法为线段比例尺代表的实际长度除以线段比例尺在图片中的长度，线段比例尺在图片中的长度是线段比例尺两端点横坐标差值的绝对值。把计算得到的已知距离填到 Analyze 菜单下的 Set Scale 中的 Known Distance 选项中,并把长度单位(Unit of Length)改为线段比例尺的长度单位,通常是 mm(图 12-4)。修改以上参数后图片会变为真实大小,并在图片左上方出现具体的尺寸,可以与定性估计值比较,确定是否出现错误。需要注意的是,以上比例尺计算方式只适合 tif 格式图。

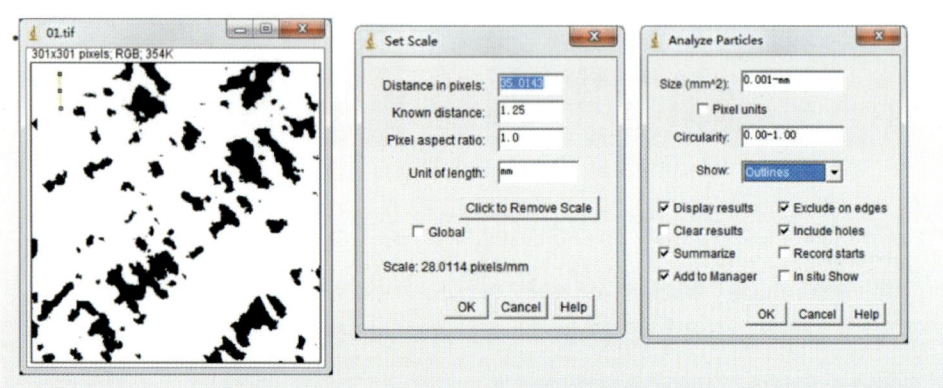

图 12-4 设置需要测量的参数

(5)分析颗粒。在 Analyze 菜单下的 Analyze Particles 选项中选中 Display Results 和 Summarize 选项。根据需要可以设置需要统计分析的粒度范围,通常默认为 0-Infinity。在 Show 选项中选择 Outlines 或 Add to Manager,颗粒分析完后会显示每个颗粒的轮廓和相应的编号(图 12-5),通过这些编号和相应的计算结果可以找到异常的颗粒,如某些异常小的颗粒和连接在一起的颗粒。如果在 Coreldraw 等绘图软件中描绘的颗粒数与统计得到的颗粒数不一致,应该仔细核对是否存在异常的颗粒,出现异常小的颗粒一般是描绘矿物轮廓时出现了交叉曲线。当出现分析的颗粒数小于实际圈画的数量,可以提高图像分辨率,或减小矿物轮廓的曲线宽度。

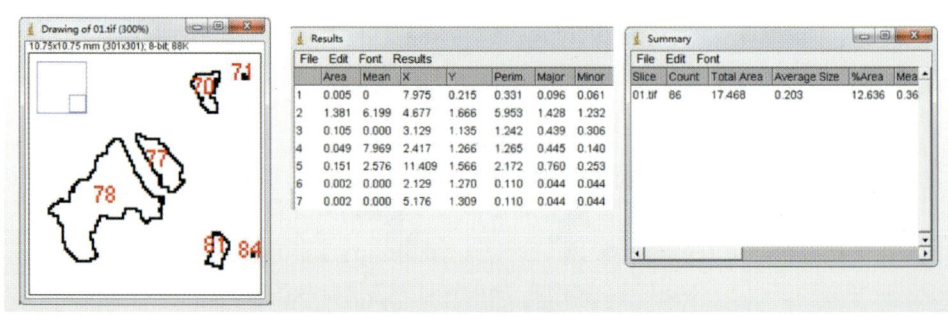

图 12-5 分析矿物颗粒

(6)导出相关参数。在 Plugins 菜单下 Macros 选项中加载(Install) CSD_output 宏文件,此文件可网上下载(http://www.uqac.ca/mhiggins)。在 Plugins 菜单下选择 CSD output 导出 CSD 文件,文件名保存为.CSD 格式。注意导出时不能关闭第(5)步得到的含有颗粒数据的对话框。把 Results 和 Summary 对话框另存为 Excel 文件,供其他分析使用。

(7)输入晶体粒度分布 CSD 相关参数。安装 CSDCorrections 软件,此软件可网上下载(http://www.uqac.ca/mhiggins)。打开第(6)步保存的.CSD 文件,在 CSDCorrections 软件中需要改动的地方有晶体的三维形态、圆度,以及测量的面积、粒度间隔和矿物含量(图 12-6)。是否选择校正矿物含量会影响 CSD 的截距和斜率(图 12-6)。输入晶体的三轴比。CSDCorrections 软件优先确定短轴和中轴的比值,即二维切面中颗粒长宽比的众数近似矿物真实的中轴和短轴的比值,长轴可以通过比较颗粒面积含量和 CSD 体积含量获得。最准确的三轴比应当保证颗粒面积含量和 CSD 体积含量非常接近,但需要考虑颗粒的自形程度。当颗粒数较多时可以利用 CSDslice 软件估算矿物三轴比(Morgan and Jerram,2006)。对于定向程度高的样品,需要注意切片的方向,并修改样品的构造(Fabric)特征。

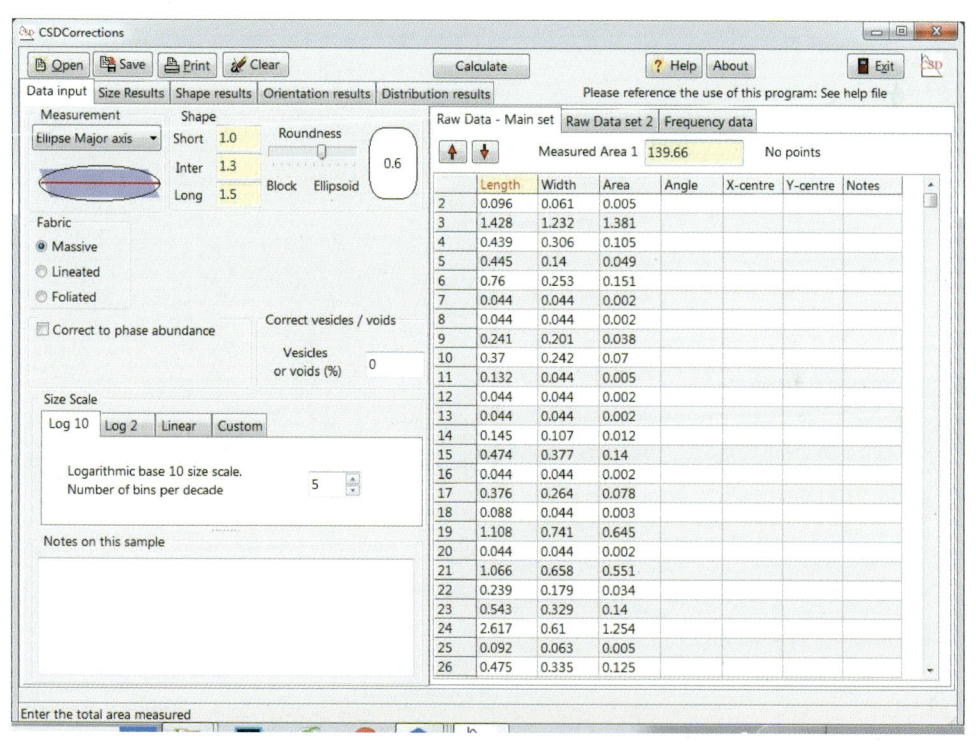

图 12-6　CSD 相关参数输入图

(8)计算 CSD 相关参数。点击 Calculate Pop Dens 计算获得数据,可鼠标右击相应数据区域复制到 Excel 中进一步处理。CSD 三种表示方法中,最常用的是 Classic CSD。三种表示方法的相关解释参见相关文献(Higgins,2006)。在数据结果界面还可获得晶体空间分布值 R 和定向程度值 AF,具体含义见相关文献解释(Boorman et al.,2004;Jerram et al.,1996)。CSD 结果中通常会自动把颗粒数误差大的颗粒舍去(图 12-7),但计算 R 和 AF 值时应当选中这些颗粒。

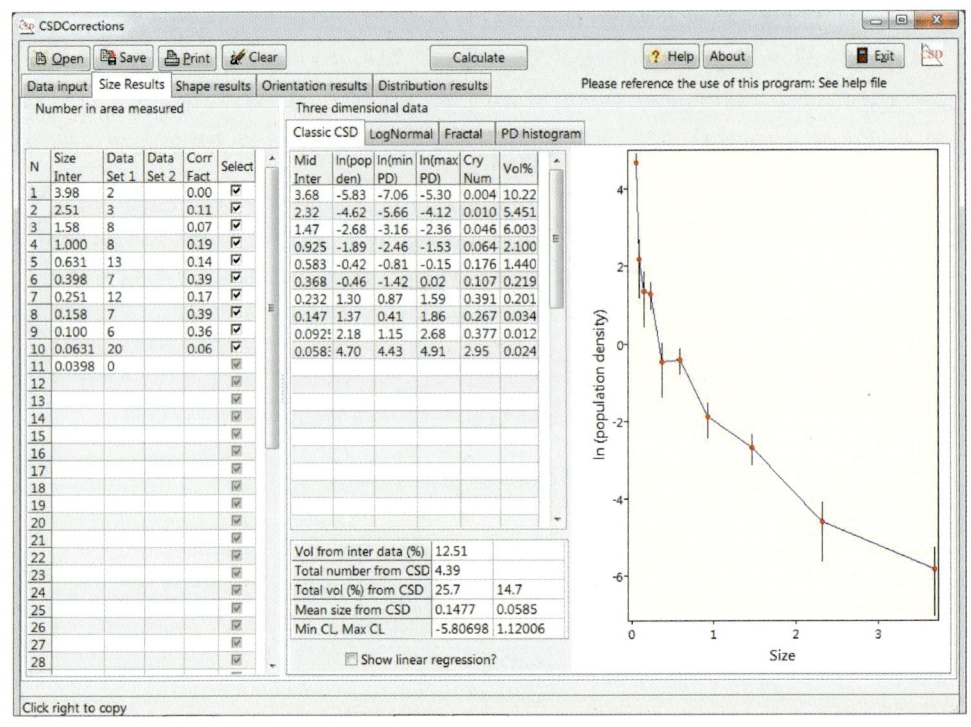

图 12-7　CSD 结算结果

四、开展对比研究

运用对比思维开展定量化结构分析,以球状岩为例,分区域开展研究,将不同结构区域的晶体粒度分析结果进行比较,判断岩浆岩形成过程中经历了哪些阶段。

将图 12-1 球状岩样品选择 8 个不同的区域进行二维界面法分析,得到不同的晶体粒度分布规律(图 12-8),再与已知的晶体生长各阶段分布状态图进行对比,从而推测球状岩在形成过程中可能经历了何种阶段。

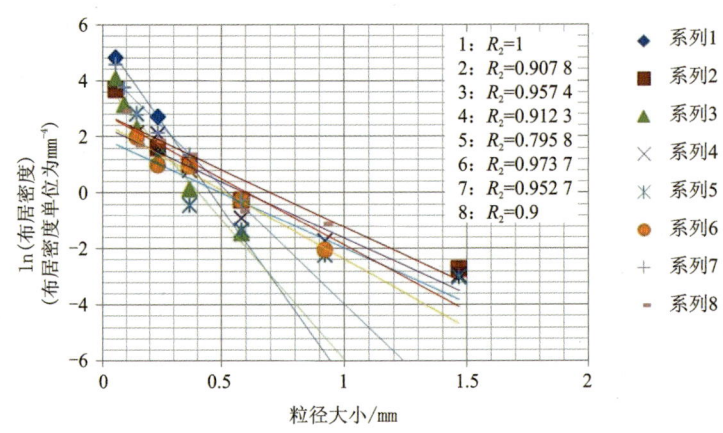

图 12-8　球状岩不同区域晶体粒度分布规律图

五、思考题

(1)晶体间或晶体与玻璃质的夹角,是否能够反映岩石固结的结构平衡程度?可以用怎样的统计方法进行表达?

(2)晶体长轴方向或变形伸长方向的一致程度如何通过参数化进行定量分析?这一特征可以用来分析哪种地质过程?

(3)岩石中的孔隙形态与分布,可以用哪些结构参数表达?

(4)哪些方法可以直接获得岩石三维结构的定量参数?

(5)将二维剖面获得的晶体粒度分布参数转换为三维分布特征时,如何处理切面效应和交切概率问题?是否需要针对不同晶形基础的矿物建立多个模型?

参考文献

杨宗锋,姜晓杰,曲林雨,等,2020. 火成岩结构的二维定量化分析方法[J]. 地学前缘,27(5):23-38.

杨宗锋,2013. 火成岩系统广义定量化结构分析及其意义[D]. 北京:中国地质大学(北京).

BOORMAN S, BOUDREAU A, KRUGER F J, 2004. The lower zone-critical zone transition of the Bushveld Complex: A quantitative textural study[J]. Journal of Petrology, 45(6):1209-1235.

HIGGINS M D, 2006. Verification of ideal semi-logarithmic, lognormal or fractal crystal size distributions from 2D datasets[J]. Journal of Volcanology and Geothermal Research, 154(1-2):8-16.

JERRAM D A, CHEADLE M J, HUNTER R H, et al., 1996. The spatial distribution of grains and crystals in rocks[J]. Contributions to Mineralogy and Petrology, 125(1):60-74.

MORGAN D J, JERRAM D A, 2006. On estimating crystal shape for crystal size distribution analysis[J]. Journal of Volcanology and Geothermal Research, 154(1-2):1-7.

实习十三 绘制与利用基础相图

一、目的

(1)理解相律、相图的意义。
(2)学会绘制一元相图、二元相图的方法。
(3)了解二元相图类型。
(4)了解三元相图及其与二元相图的关系。
(5)学会读取三元相图,学会依据实验结果在三元相图上投点。

二、内容和要求

1. 实验一

依据下列实验结果记录表(表 13-1),绘制二元相图。

表 13-1 实验结果记录表

实验编号	温度/℃	全岩组分/%	实验结果记录	备注
1	900	75A + 25B	L	
2	900	20A + 80B	L	
3	750	80A + 20B	A+L	
4	750	70A + 30B	L	
5	750	40A + 60B	L	
6	750	5A + 95B	L	
7	600	60A + 40B	A+L	
8	600	50A + 50B	L	
9	600	30A + 70B	L	
10	600	20A + 80B	B+L	
11	550	80A + 20B	A+C	
12	550	55A + 45B	C+L	
13	550	45A + 55B	L	

续表 13-1

实验编号	温度/℃	全岩组分/%	实验结果记录	备注
14	525	70A + 30B	C+L	
15	525	50A + 50B	C+L	
16	525	35A + 65B	B+L	
17	500	60A + 40B	C+B	
18	500	30A + 70B	C+B	
19	400	75A + 25B	C+B	
20	400	20A + 80B	C+B	

注：A 和 B 为实验初始物质的成分代号，表示 A、B 组分以不同比例进行混合后开展加热实验。实验结果为不同温度下物相组合的观察记录，其中的 L 为液相组分（Liquid），C 为某一固相矿物。

2. 实验二

读图 13-1，分析成分为 a 点和 b 点的熔体，在平衡结晶和分离结晶过程中将分别结晶什么矿物组合？

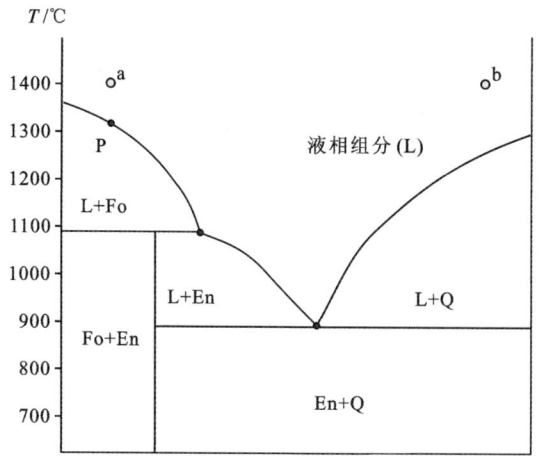

图 13-1　1 个大气压下的镁橄榄石-石英二元系相图

3. 实验三

(1) 读图 13-2，分析成分为 X 点的熔体降温冷却，将先后结晶哪些矿物？画出残余熔体成分的演化线，并画出结晶的固相组分在的演化线，说明 X 熔体如果完全结晶将形成什么岩石？

(2) 一块岩石标本是具有较多橄榄石斑晶（体积约 20%）和少量斜长石斑晶（体积约 5%）的气孔状玄武岩，是否可以由成分为 X 点的熔体结晶形成？对应熔体演化如何在图 13-2 中表达？

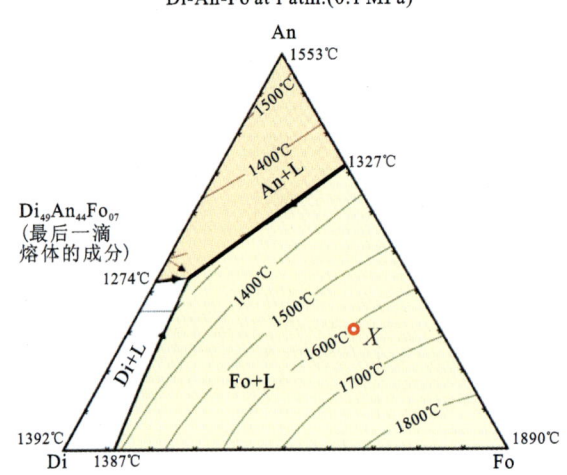

图 13-2　镁橄榄石(Fo)-钙长石(An)-透辉石(Di)三元相图

三、思考题

(1) 热力学体系中,什么是自由度?

(2) 相律是否可以应用于"未达到相平衡的系统"的分析?

参考文献

桑隆康,马昌前,2012. 岩石学[M]. 2版. 北京:地质出版社:105-126.

ERNEST G E,1981. 地质学相图解释[M]. 殷辉安,译. 北京:地质出版社.

GASPARIK T,2003. Phase diagrams for geoscientists:An atlas of the Earth's interior[M]. 2nd ed. Berlin:Springer.

图 版

实习一 熔体抽取与岩石圈地幔的构成（实习材料：中国东部的橄榄岩捕虏体）

图版 1-1　西伯利亚金伯利岩中石榴子石橄榄岩捕虏体和华北辉南地区的尖晶石二辉橄榄岩
a. Frost 摄；b. 林阿兵摄

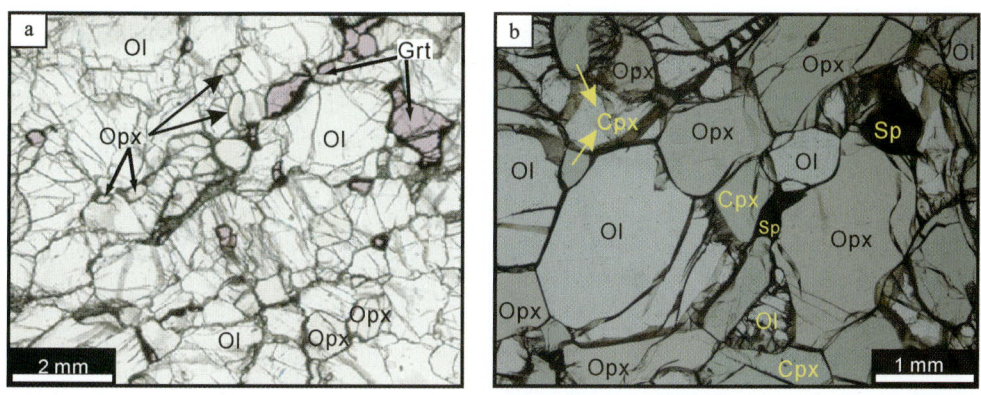

图版 1-2　两类二辉橄榄岩单偏光镜下照片对比
a. 西伯利亚粗粒石榴子石二辉橄榄岩（据 Doucet et al.，2013）；b. 吉林蛟河地区尖晶石二辉橄榄岩（林阿兵摄）

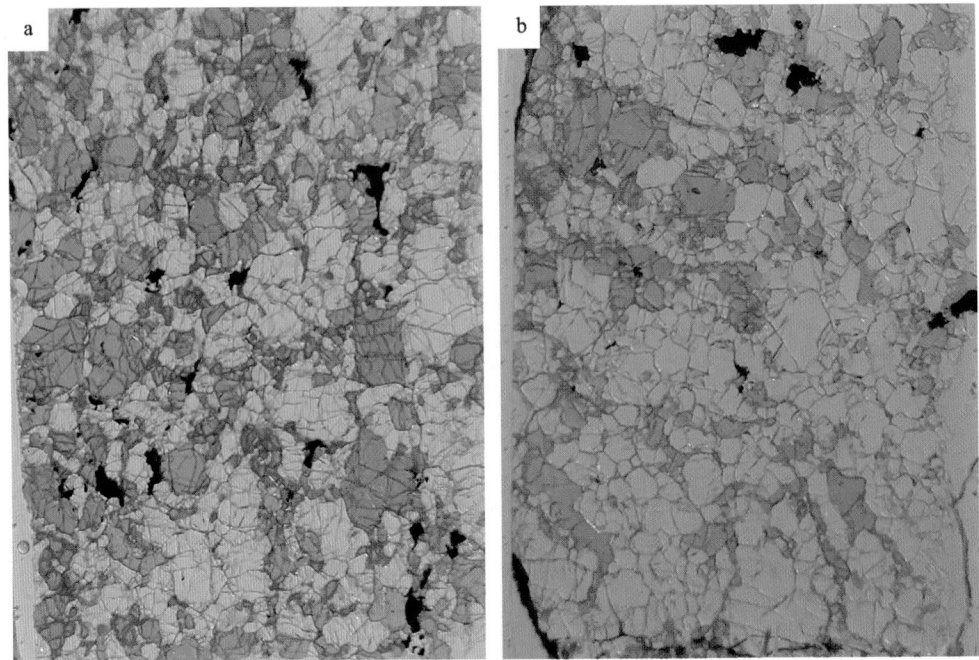

图版1-3 华北克拉通北部南高崖地区二辉橄榄岩与方辉橄榄岩捕虏体样品加厚探针片的扫描图像

a为二辉橄榄岩,b为方辉橄榄岩,照片视域尺寸均为2.8cm×4cm。翠绿色颗粒为单斜辉石,黄绿色颗粒为斜方辉石,无色颗粒为橄榄石。可依据此扫描图像,利用Photoshop、CorelDraw、Adobe Illustrator等绘图软件进行颗粒识别,并进行同类颗粒面积统计,获得矿物相对含量比例。a. Ol:68%~70%;Opx:22%~26%;Cpx:6%~8%;Sp:1%~2%。定名:尖晶石二辉橄榄岩。b. Ol:73%~75%;Opx:23%~24%;Cpx:1%~3%;Sp:1%。定名:尖晶石方辉橄榄岩

实习二 熔岩反应与地幔交代作用（实习材料:地质体橄榄岩等）

图版 2-1 北美 Joesphine 蛇绿岩中的纯橄岩-方辉橄榄岩-铬铁矿露头
（据 Henry J B Dick 研究员授课材料）

纯橄岩由岩浆迁移过程中熔体与围岩的反应形成。纯橄岩脉的走向与围岩方辉橄榄岩的线理方向接近，两者的界限明显但并不平直，暗示两种岩石同时经历了一定程度的塑性变形

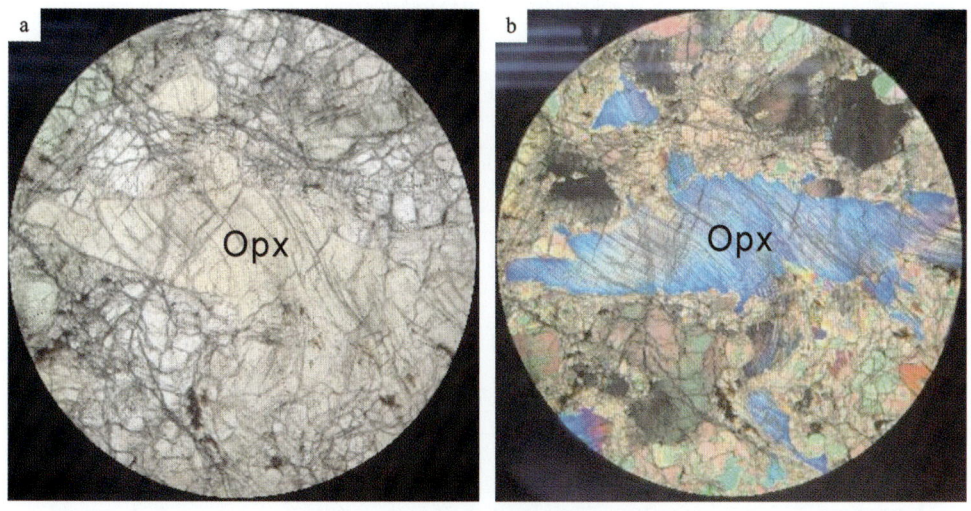

图版 2-2 松树沟橄榄岩中的剪切结构

受剪切影响的斜方辉石解理呈现弯曲。a 为单偏光照片，b 为正交偏光照片，视域直径 3cm

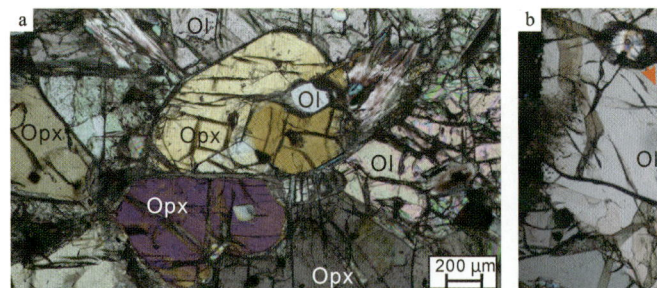
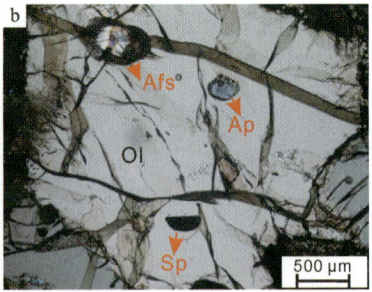

图版 2-3　橄榄岩中的包裹结构

a. 毛屋纯橄榄岩中，橄榄石被斜方辉石变斑晶包裹，矿物间边界平直，达到热平衡（据赵伊，2021）；b. 辽源橄榄岩捕虏体中的包裹结构，橄榄石包裹钾长石、磷灰石和尖晶石（据林阿兵，2020）

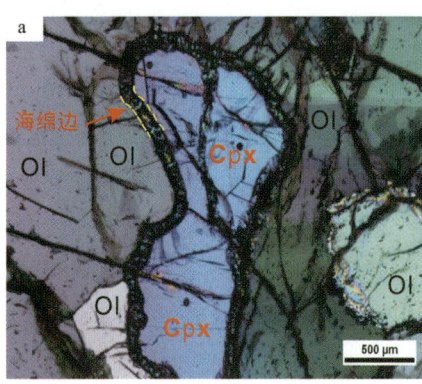
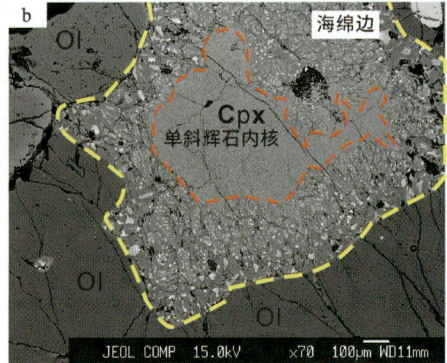

图版 2-4　交代橄榄岩中的海绵边结构（据 Pan et al.，2018）

a. 锡林浩特橄榄岩捕虏体中围绕单斜辉石发育的海绵边（正交偏光）；b. 扫描电子显微镜背散射图像显示了阿尔山橄榄岩中围绕单斜辉石发育的海绵边的矿物组成为尖晶石（最亮）、斜方辉石（次亮）、玻璃质（次暗）及孔隙（黑色）

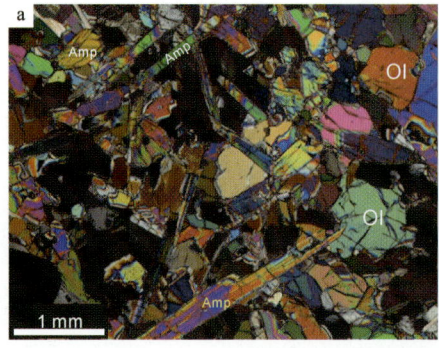
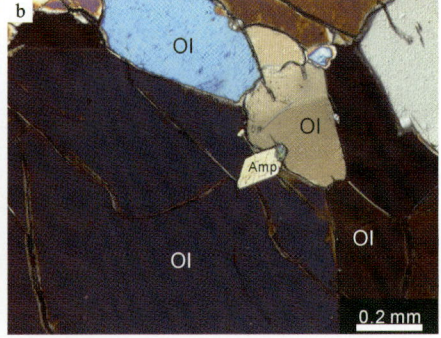

图版 2-5　松树沟橄榄岩中不同形态的角闪石

a. 方辉橄榄岩中的角闪石主要为长柱状—长板状，少数呈粒状；b. 纯橄榄岩中自形细小粒状角闪石，具有菱形轮廓及角闪石式两组解理，周围均是橄榄石

图 版

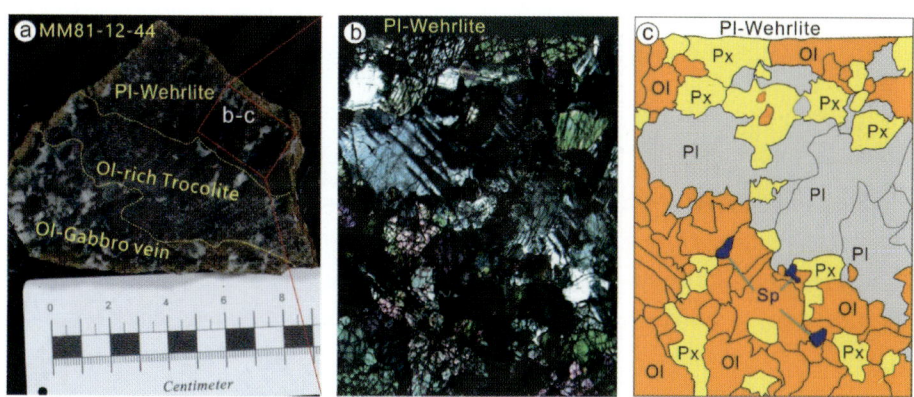

图版 2-6 大西洋洋中脊北纬 15°20′段的交代橄榄岩(impregnated peridotite)组合
玄武质熔体迁移诱发的交代作用在橄榄岩中形成了橄榄辉长岩脉体,脉体与方辉橄榄岩过渡的区域依次形成富橄榄石橄长岩、含斜长石易剥橄榄岩、含长石方辉橄榄岩、尖晶石方辉橄榄岩的过渡带(图 a)。图 b 显示了含斜长石易剥橄榄岩的正交偏光照片。图 c 为图 b 区域进行矿物形态与边界识别后绘制的结构示意图,显示含斜长石易剥橄榄岩具有不等粒结构

图版 2-7 日本北海道 Horoman 地质体中的含长石二辉橄榄岩(据 Li et al.,2017)
(由硅酸盐熔体交代原不含长石的地幔橄榄岩形成)

a. 薄片扫描照片,尺寸为 3cm×4cm。浅黄色矿物为斜方辉石,绿色矿物为单斜辉石,黑色不透明矿物主要为尖晶石、少数为硫化物,长石和橄榄石均无色透明。b. 正交偏光照片,黄色实线勾勒了斜长石的轮廓。斜长石发育聚片双晶,呈串珠状填充在橄榄石、辉石之间,有时与尖晶石伴生,有时甚至包裹浑圆状细粒尖晶石

 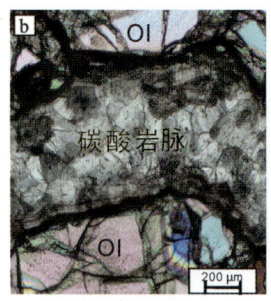 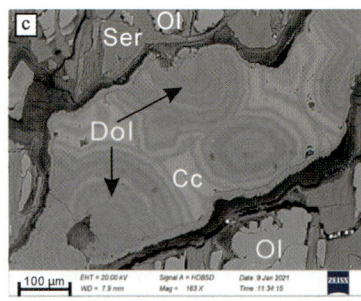

图版 2-8　大别造山带毛屋石榴子石相橄榄岩地质体中发育多组交代作用相关的脉体（据赵伊，2021）
a. 辉石岩脉呈青绿色条带，产状与剖面中橄榄岩的面理一致；b. 碳酸岩脉宽度较小而产状不规则，切穿纯橄岩基质中，主要由粒状白云石构成，含少量不透明矿物及磷灰石等副矿物；c. 碳酸岩脉局部由白云石-方解石构成环带结构

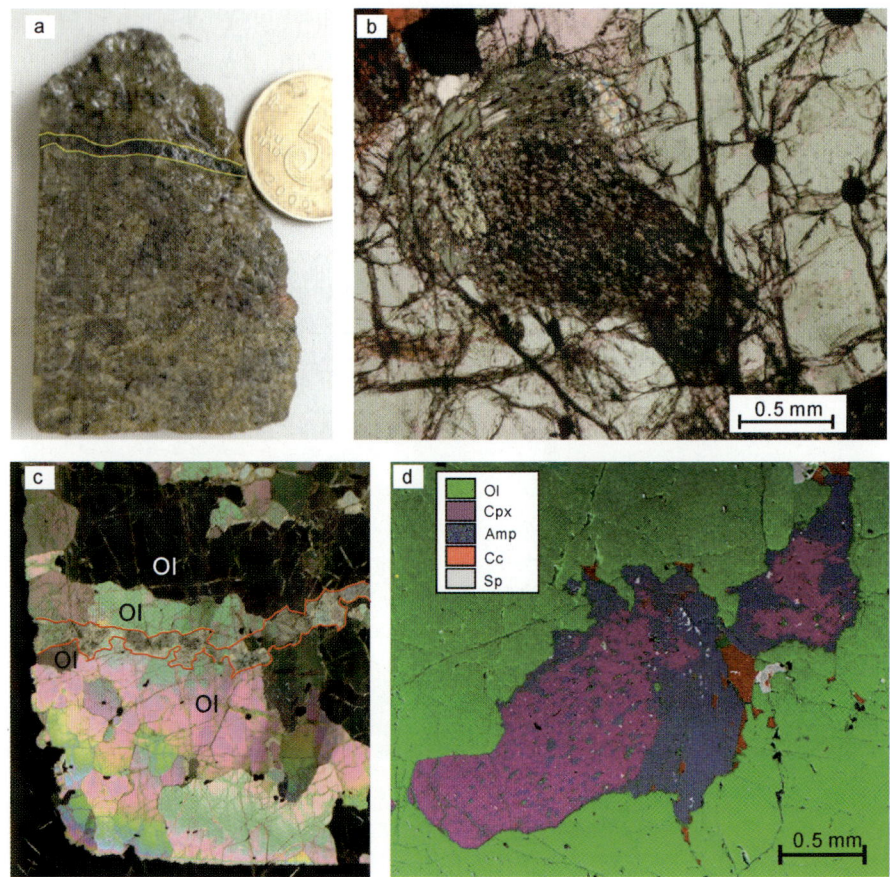

图版 2-9　北祁连玉石沟蛇绿岩的纯橄岩中，由交代作用形成的脉状细粒多晶矿物集合体
（图 a 中黄色实线内部所示）（据 Zhou et al.，2021）
集合体由单斜辉石、角闪石、方解石、白云石、尖晶石、硫化物等矿物构成，此类脉体记录了成岩晚期的流体活动及其诱发的挥发分物质局部沉淀。图 b 显示此类集合体的边界模糊并常与裂隙相连通；图 c 显示正交偏光下集合体（红色实线内部）呈现透明度较差的云雾状、斑杂状；图 d 为利用能谱扫描对图 b 区域进行分析后获得的矿物结构关系图，显示单斜辉石和角闪石等有相互包含关系

图 版

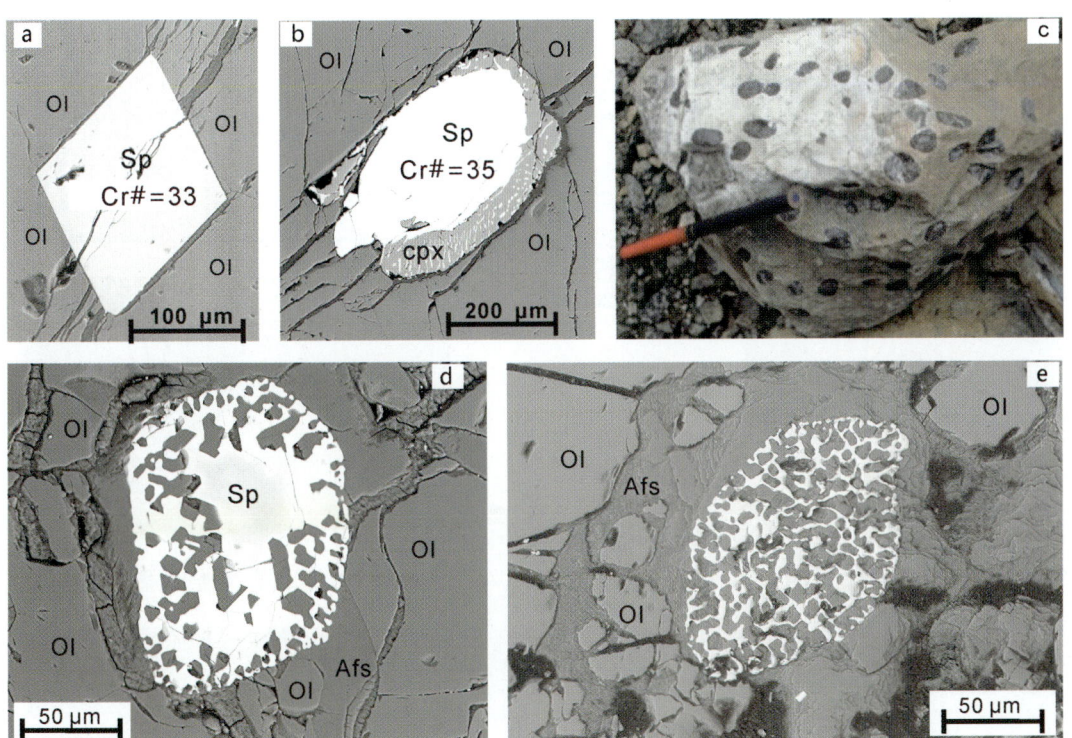

图版 2-10 各类橄榄岩中尖晶石的不同形态

[a、b、d、e 均为背散射电子显微照片(BSE),c 为手标本照片]

a. 玉石沟纯橄岩中自形铬尖晶石被包裹在橄榄石内部,后期被脆性裂隙切过;b. 玉石沟纯橄岩中早期结晶的尖晶石与后期补给的熔体发生反应,尖晶石边部发生熔解、再生长,同单斜辉石构成筛状边结构;c. 罗布莎纯橄岩中的"豆荚状铬铁矿"(铬尖晶石);d. 辽源地区易剥橄榄岩捕虏体中,玄武质熔体引发的交代作用导致铬尖晶石边缘呈现骨架状结构并被钾长石包围;e. 辽源地区易剥橄榄岩捕虏体中具有骨架状结构的尖晶石和钾长石形成交织连晶

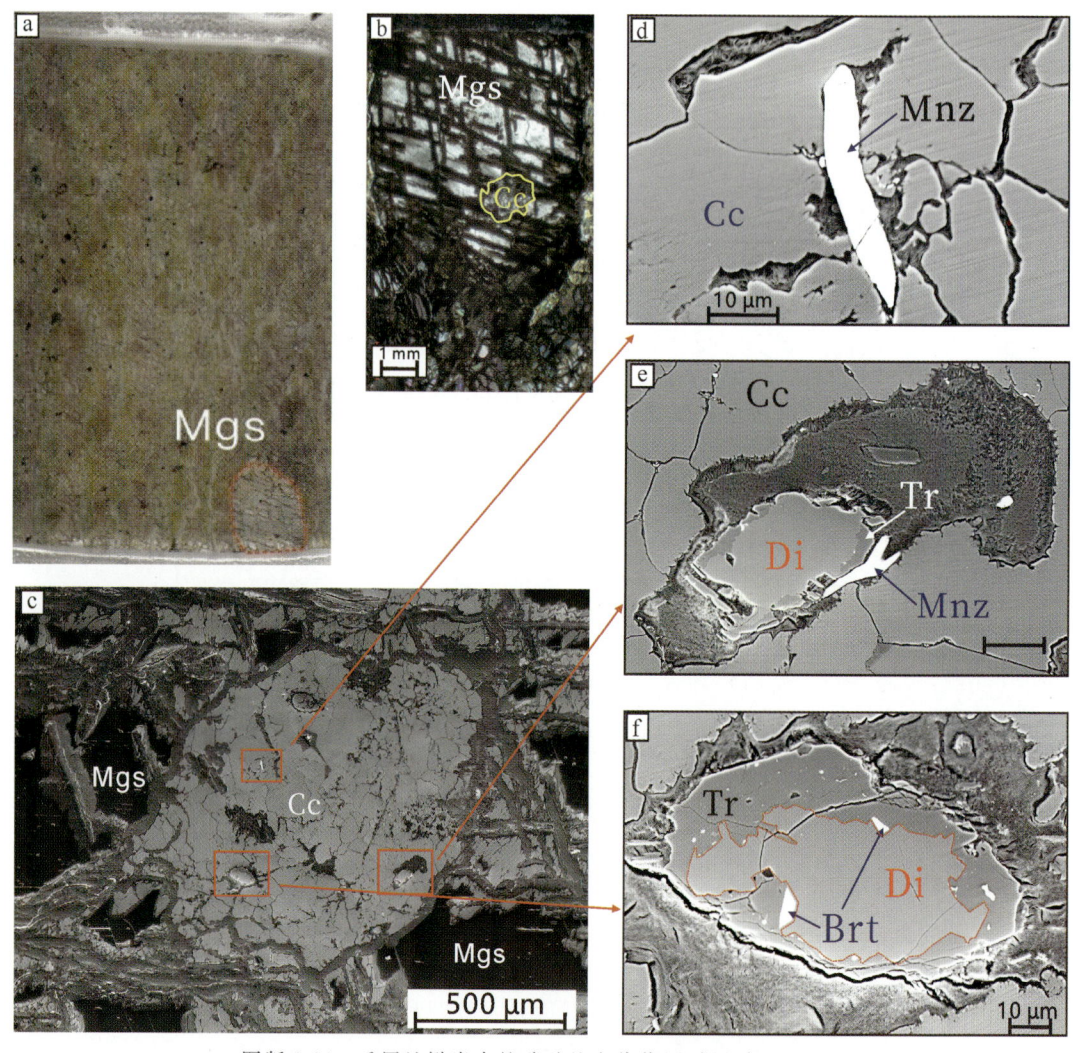

图版 2-11　毛屋纯橄岩中的碳酸盐交代作用(据赵伊,2021)

a.薄片尺度可见菱镁矿巨晶,黑色不透明矿物主要为尖晶石,尺寸为 3cm×4cm;b.显微镜下,菱镁矿巨晶发育两组菱形完全解理,内部还包裹一颗方解石;c.被图 b 菱镁矿包裹的方解石内部还包裹复杂的矿物组合;d.方解石包裹了独居石(Mnz);e.方解石包裹了透辉石(Di)、透闪石(Tr)及独居石(Mnz)组合;f.方解石包裹了透辉石(Di)、透闪石(Tr)及重晶石(Brt)

实习三　岩浆快速结晶作用（实习材料：南非科马提岩）

岩流顶部的冷凝边带

鬣刺结构带

橄榄石堆晶带

图版 3-1　加拿大 Munro Township 科马提岩野外露头分带及岩石结构
（据 Arndt and Lesher, 2005）
a. 橄榄石斑晶组成鬣刺结构；b. 津巴布韦地区的科马提岩镜下照片，橄榄石骸晶位于单斜辉石蚀变残余颗粒及玻璃基质中；c. 层状科马提流的剖面图，底部为橄榄石堆晶，中部为鬣刺结构区域，顶部为冷凝边

图版 3-2 西澳大利亚 Agnew 地区科马提岩下部堆晶带中的橄榄石堆晶结构和 Gorgona Island 地区科马提岩下部堆积层中的漏斗状橄榄石

图 a 源自联邦科学与工业研究组织(Commonwealth Scientific and Industrial Research Organization,CSIRO);
图 b 据 Arndt et al.,2008

图版 3-3 南非科马提岩薄片扫描图像显示无定向鬣刺(a)和薄片扫描图像显示平直鬣刺(b)

a.鬣刺晶体相较于板状鬣刺短,排列无规则部分晶体呈现羽状、扇状等特点;b.橄榄石呈板状,晶体延伸长,截面平直,形态如"书页"

图 版

图版 3-4　科马提岩中的鬣刺结构

a.单偏光镜下显示橄榄石大部分发生蛇纹石化；b.正交偏光图像显示基质主要由细粒辉石与玻璃质组成，斑晶主要由树枝状橄榄石＋辉石（橄榄石外围）组成，辉石部分退变为阳起石、帘石

 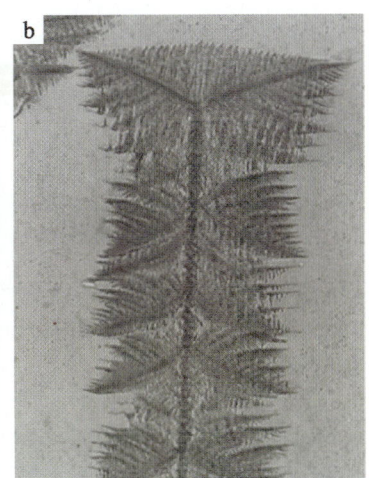 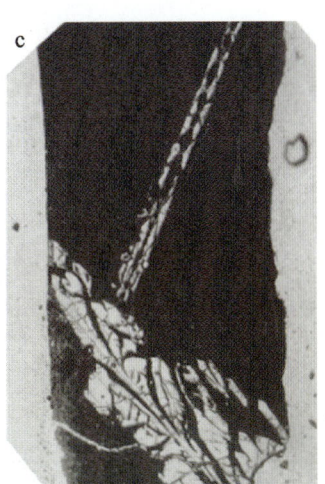

图版 3-5　部分冷却结晶实验中获得的代表性橄榄石形态特征

a.在冷却速率 7℃/h 条件下干体系结晶出漏斗状橄榄石；b.在冷却速率 1450℃/h 条件下结晶出羽状橄榄石；c.在含水 4%、冷却速率 29℃/h 的条件下结晶出链状、树枝状橄榄石。详细的实验参数与后续进展请阅读 Donaldson(1976)、Corrigan 等(1982)、Faure 等(2003)的文献

实习四 岩浆堆晶作用（实习材料：攀西地区堆晶岩）

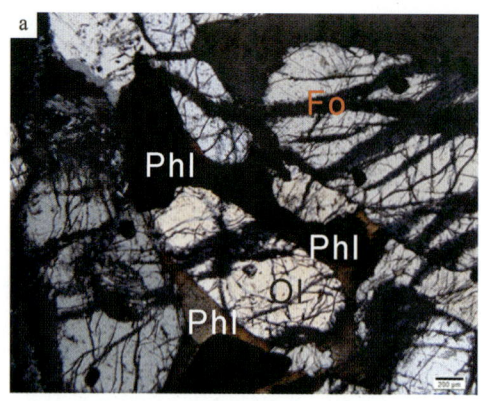
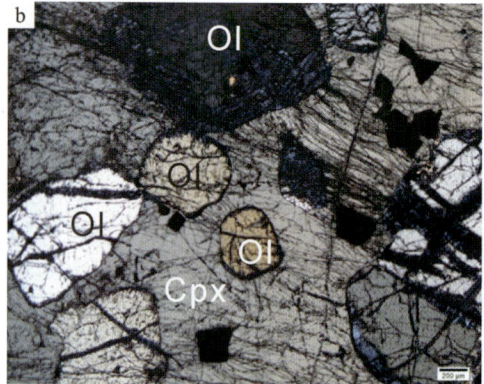

图版 4-1 攀西地区新街岩体里的辉石橄榄岩（a）和新街岩体里的橄榄辉石岩（b）
a.铁钛氧化物与云母填充在橄榄石颗粒间；b.橄榄石被单斜辉石包裹，形成包橄结构（据 Dong et al.，2013）

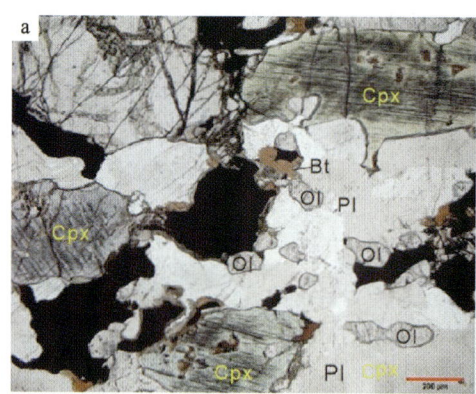

图版 4-2 攀西地区白马岩体内的橄榄辉长岩（据 Dong et al.，2021）
a.单偏光照片；b.正交偏光

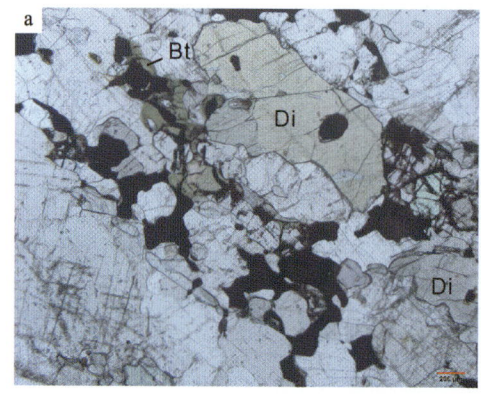

图版 4-3 攀枝花岩体内辉长岩照片（据 Wang et al.，2020）

实习五 不平衡结晶作用（实习材料：球状花岗闪长岩）

图版 5-1 两类不同的球状花岗闪长岩对比

a.华北蒙阴地区的球状花岗闪长岩,具有多个单壳结构的球状体的集合,暗色环带、浅色环带、暗色内核之间具有较为清晰的界限;b.扬子北缘黄陵背斜中的球状花岗闪长岩,可见单个球体内具有多个韵律层结构,露头上多个球体聚集产出

图版 5-2 扬子北缘黄陵背斜中的典型球状花岗闪长岩显微照片

图示案例的球状体核心为浅色矿物集合体,其他案例中的球状体核心可能为暗色矿物。图示中的球状体可进一步分为暗色矿物为主的韵律环带以及浅色矿物为主的内部区域,暗示球状体结晶过程至少可划分为两个阶段

实习六 岩浆上升与混杂混染作用（实习材料：金伯利岩手标本及薄片）

图版 6-1 不同地区金伯利岩手标本照片均显示它们含有复杂的晶体与捕虏体团块（图片由黄金香提供）
a. 南非 Cape 省的 Wesseleton 金伯利岩样品手标本；b. Kaapvaal 克拉通 Bultfontein 地区金伯利岩手标本；c. 芬兰 Pipe 1 金伯利岩钻孔岩芯，岩石整体呈斑杂状，显示有较多的角砾，局部有碳酸岩脉体

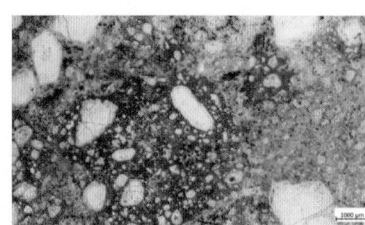
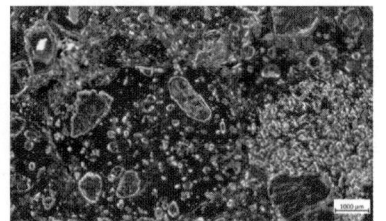

图版 6-2 金伯利岩的角砾状构造
角砾是围岩或先形成的矿物集合体破碎形成的围岩碎块被热液充填物所胶结而成。角砾的成分比较复杂，既有来自上地幔的碎块（同源角砾），也有来自浅部的围岩碎块（异源角砾）

图 版

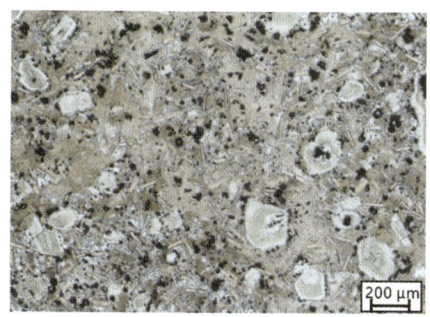 

图版 6-3　金伯利岩中橄榄石与金云母斑晶的分布及形态

橄榄石呈半自形粒状，金云母呈交叉状、席状环绕于橄榄石斑晶周围

 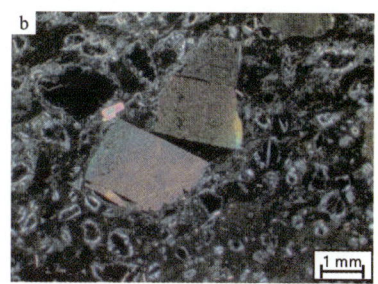

图版 6-4　金伯利岩中的斑晶特征

a. 单偏光图像，橙黄色矿物为第二世代金云母，主要呈自形—半自形板状或片状；b. 正交偏光图像，片状金云母斑晶具有鲜艳的Ⅱ—Ⅲ级干涉色。橄榄石可能有多个世代，第一世代为粗粒浑圆形态，自形—半自形粒状晶为第二世代。橄榄石均已完全蛇纹石化并有局部碳酸盐化，蛇纹石化过程生成的磁铁矿等致使颗粒呈黑色

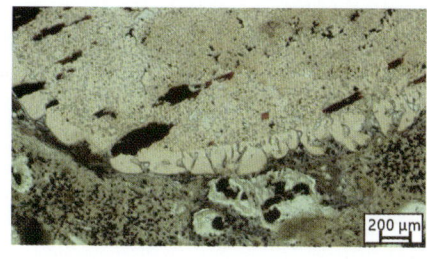 

图版 6-5　金伯利岩中第一世代的金云母粗晶

呈浑圆状或椭圆状，边部发育熔蚀结构，局部可见波状消光。第一世代金云母属于地幔捕虏晶，形成于高压的条件下，晶体可达数厘米

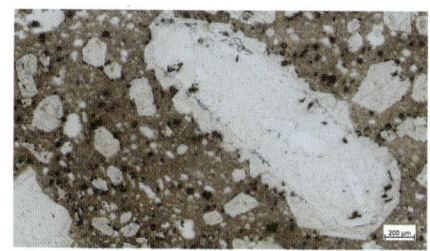 

图版 6-6　金伯利岩中第一世代的橄榄石粗晶

多呈浑圆状或椭圆状，边部发育次生生长结构或反应边结构

实习七　岩浆混合作用（实习材料：闪长质暗色微粒包体及寄主花岗岩）

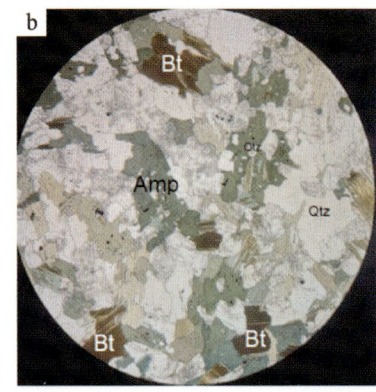

图版 7-1　黄陵岩基中反映岩浆混合作用的现象

a. 黄陵岩基中花岗闪长岩的流线构造与矿物分带；b. 寄主花岗岩的单偏光照片，显示花岗结构，视域直径 5mm；c. 暗色微粒包体的正交偏光照片显示其暗色矿物含量略高于寄主岩，而粒度明显比寄主岩更细。图 b 和图 c 视域直径 5mm

图版 7-2　东昆仑加鲁河杂岩体中反映岩浆混合作用的现象（据王连训等，2017）

a. 暗色微粒包体手标本上被暗色矿物围绕的石英熔蚀残晶；b. 正交偏光显微照片显示围绕石英熔蚀残晶生长的角闪石具有较好的长板状自形形态并发育简单双晶

实习八　岩浆就位过程（实习材料：火山角砾岩与煌斑岩）

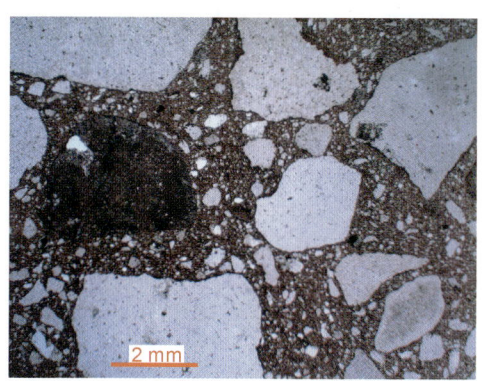 

图版 8-1　河北大庙火山角砾岩

角砾主要为刚性岩块，主体为中酸性岩石角砾，少数为偏中基性角砾；基质由凝灰级碎屑与火山尘固结形成

图版 8-2　阿曼地区含捕房体的煌斑岩

整体因含捕房体呈斑杂状构造，图 a 为岩石露头，图 b 为正交偏光照片，斑晶主要为单斜辉石、角闪石和少量金云母，基质主要由微晶角闪石和微晶辉石构成，基质含少量的长石、磷灰石及钛铁矿

图版 8-3　内蒙古狼山地区角闪煌斑岩(a)和河北涞源云煌岩(b)

a. 正交偏光,部分角闪石呈现六边形自形和简单双晶。基质主要由微晶角闪石和微晶辉石构成,含少量磁铁矿和锆石等副矿物,但几乎不含长石,蚀变弱(据 Dai et al., 2021);b. 正交偏光,斑状结构,斑晶为黑云母,基质由微粒黑云母及斜长石构成,基质粒度小,不易识别,并含大量的蚀变碳酸盐矿物(廖群安教授鉴定)

图版 8-4　贵州镇远地区的钾镁煌斑岩(样品由向璐提供)

金云母具有红褐色—浅黄色多色性,多数呈长板状斑晶,少数金云母为不规则填隙状;钛金云母具有成分环带,从中心向边缘颜色逐渐加深,边缘常有暗红褐色的暗化边;透长石见于基质中,呈填隙的板状和他形粒状,洁净、无色、未受蚀变,分布不均匀

实习九　岩浆作用与热液作用的过渡（实习材料：花岗伟晶岩）

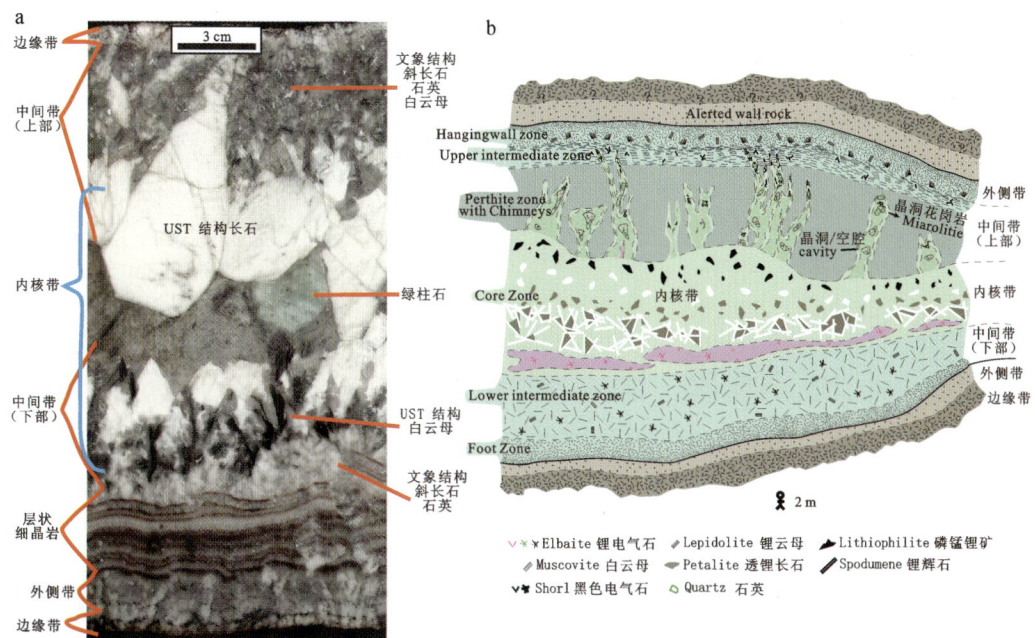

图版 9-1　美国加利福尼亚州圣迭戈某伟晶岩脉的矿物组成和结构特征（a，London，2020）和伟晶岩脉内部分带构造的示意图（b，Phelps et al.，2020）

a. 脉体厚 29cm

图版 9-2　花岗伟晶岩中由长石、石英构成的文象结构

图版 9-3　秦岭地区伟晶岩（袁峰博士供图）

a.伟晶岩里典型的锂矿物结构带——锂电气石-锂云母-锂辉石带；b.伟晶岩和围岩接触带上，电气石定向生长，呈单向固结结构

图版 9-4　新疆阿尔泰中生代花岗伟晶岩露头

a.长石、石英和黑色电气石构成的花岗伟晶岩脉；b.伟晶岩中的黑云母片晶及晶洞、空腔

实习十 碱性岩成因分析(实习材料:碱性侵入岩)

图版10-1 甘肃干沙鄂博矿区的碱性侵入岩(黄增保供图)
a.细粒霓辉正长岩标本;b.霓辉正长岩正交偏光照片;c.似斑状霓辉正长斑岩标本,
斑晶为正长石;d.霓辉正长斑岩显微照片,可见细粒斜长石(Ab)与正长石共生或被
后者包裹,榍石(sph)为副矿物

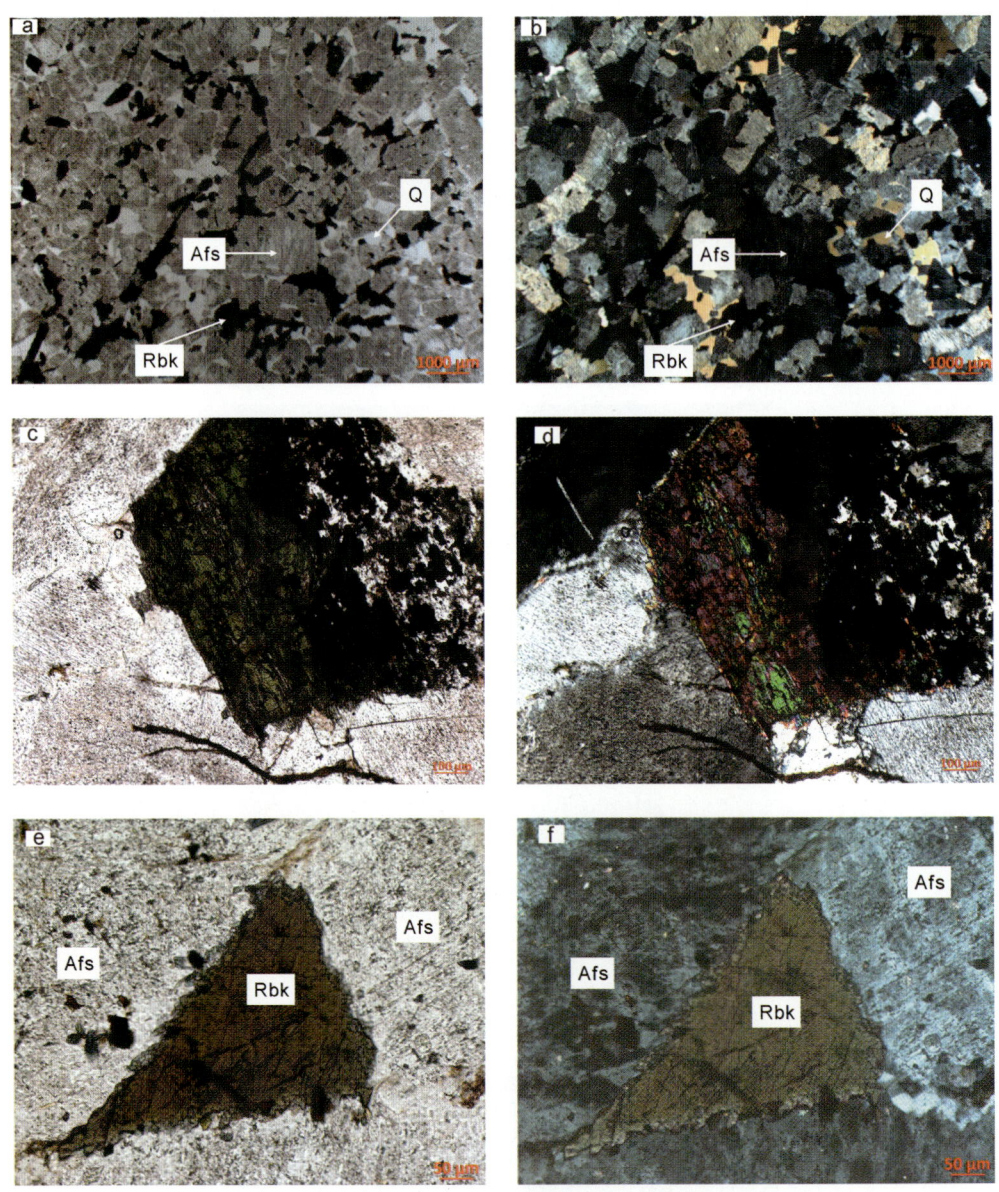

图版 10-2　湖北省随州市随县洪山镇细粒石英正长岩

a、b. 单偏光下(a)和正交偏光下(b)岩石的结构特征,洪山镇细粒石英正长岩由碱性长石(65%)、石英(15%)、钠闪石(10%)、霓石(5%)构成,局部含比例较高的不透明矿物(1%～5%);c、d. 霓石的光性特征,在单偏光下(c)呈绿色,板状,正高突起,正交偏光下(d)最高干涉色呈四级绿色,易蚀变;e、f. 细粒钠闪石在单偏光下(e)和正交偏光下(f)的特征

图 版

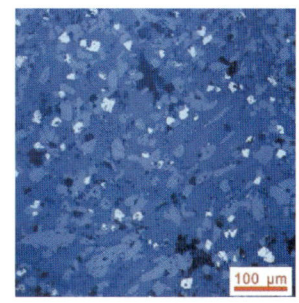

图版 10-3　辽宁阜新地区碱性橄榄玄武岩

a.单偏光图片；b.正交偏光照片；c.反射光照片，展示岩石基质的结构。
斑晶主要是呈半自形粒状的橄榄石及少量辉石，基质为间粒-间隐晶结构，由橄榄石、辉石、长石及少量玻璃质与金属氧化物构成

图版 10-4　西藏当雄地区白榴石响岩

岩石为斑状，基质为细粒、微粒结构。其中，白榴石为近等轴粒状或不规则粒状斑晶，白榴石内部含有其他矿物作为包裹体，呈现环带结构；透长石为长板状，粒度通常小于白榴石

实习十一　碳酸盐熔体与火成碳酸岩成因分析（实习材料：火成碳酸岩）

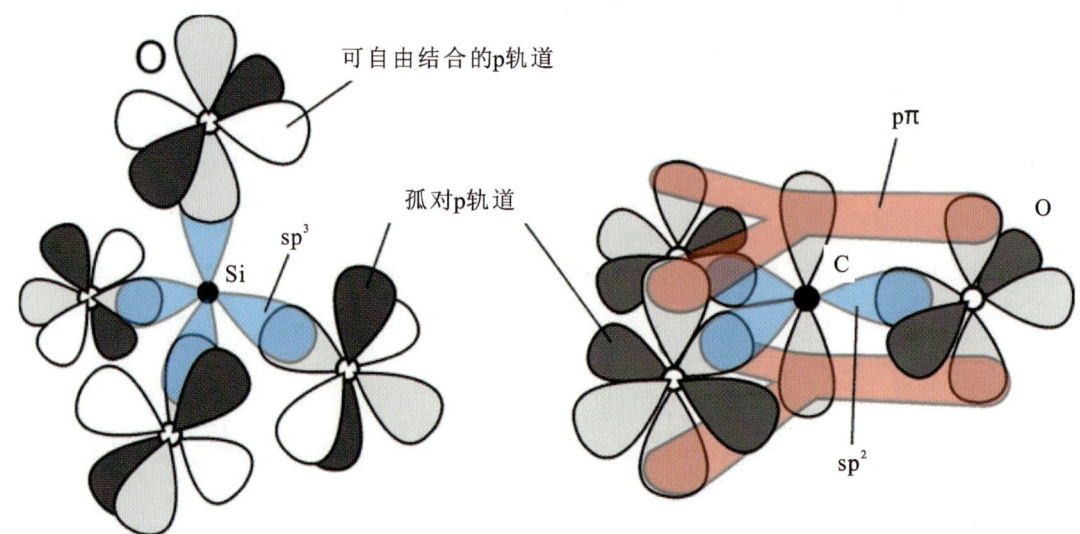

图版 11-1　显示 SiO_4^{4-} 和 CO_3^{2-} 电子构型（electronic configurations）及分子键（molecular bonding）的模式图

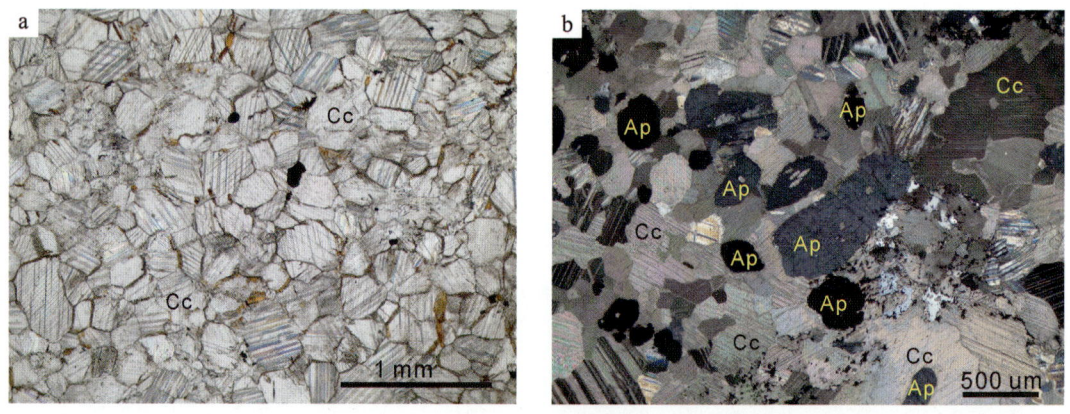

图版 11-2　秦岭地区庙娅火成碳酸岩（王连训供图）

a. 方解石碳酸岩单偏光照片；b. 富磷灰石方解石碳酸岩正交偏光照片。不透明矿物均以磁铁矿为主

图 版

图版 11-3　山西华阳川草滩方解碳酸岩（邵辉供图）

橄榄石呈粒状，单偏光下无色；粒硅镁石（Chn）也呈粒状，单偏光为黄色；
透辉石呈柱状，解理发育且有部分蚀变

图版 11-4　巴基斯坦 Sillai Patti 角闪石碳酸岩（王连训供图）

部分黑灰色干涉色颗粒为磷灰石

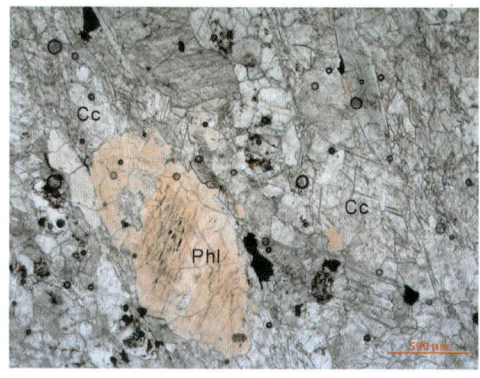 

图版 11-5　山西华阳川草滩金云角闪方解碳酸岩（邵辉供图）

金云母具有岩浆成因的希勒结构

实习十二 岩石结构定量化分析(实习材料:结晶岩石图像)

略

实习十三 绘制与利用基础相图(参考答案)

实验一参考答案:

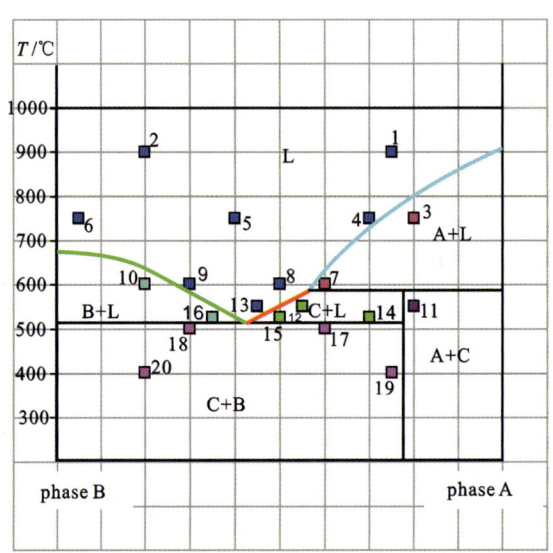

实验二参考答案:

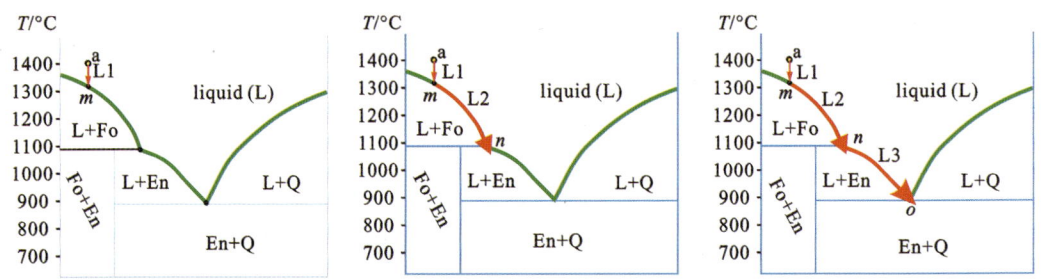

(1)封闭体系下缓慢冷却平衡结晶:熔体 a 首先将沿 L1 降温直至 m 点,这一阶段降温的系统依然维持全熔体状态不结晶;从 m 点开始系统开始结晶镁橄榄石,残余熔体成分逐渐变得富硅而沿着 L2 演化到 n 点。n 点为近结点,是固体与熔体之间的反应点,由于设定系统缓慢冷却平衡结晶,在 n 点残余熔体和已经结晶的橄榄石反应生成顽火辉石。直至全部的熔体消耗完,系统转变为镁橄榄石+斜方辉石共生。如果体系温度能在有点维持足够长的时间,则镁橄榄石可以被反应完全消耗殆尽。温度进一步降低,则熔体中开始结晶顽火辉石,参与熔体沿着 L3 向 o 点移动。最后温度到达 o 点,在该点体系同时结晶顽火辉石和石英,直到熔体消耗完。

(2)分离结晶:熔体 a 将沿 L1 降温直至 m 点,这一阶段降温时系统维持全熔体状态不结晶;从 m 点起系统开始结晶镁橄榄石,残余熔体成分沿着 L2 演化到 n 点。到达 n 点,由于橄榄石分离出系统,熔体则不与之反应。后续熔体沿着 L2 降温,系统不再结晶镁橄榄石改为结晶顽火辉石,直至残余熔体到达 o 点;残余熔体到达 o 点后,同时结晶辉石和石英,残余熔体位置停在 o 点不动,直到熔体耗尽。

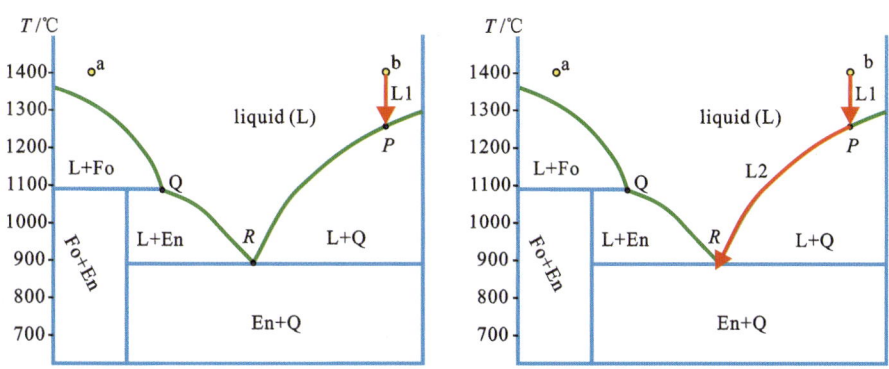

(3)熔体 b 将先沿图中的红线 L1 冷却但不结晶;熔体冷却到 P 点后将开始结晶石英并沿着 L2 向低硅成分演化直至到达 R 点。熔体到达 R 点以后,将同时结晶石英和顽火辉石,但熔体在相图上停留在 R 点不再移动,直到最后一滴熔体结晶。

实验三参考答案:

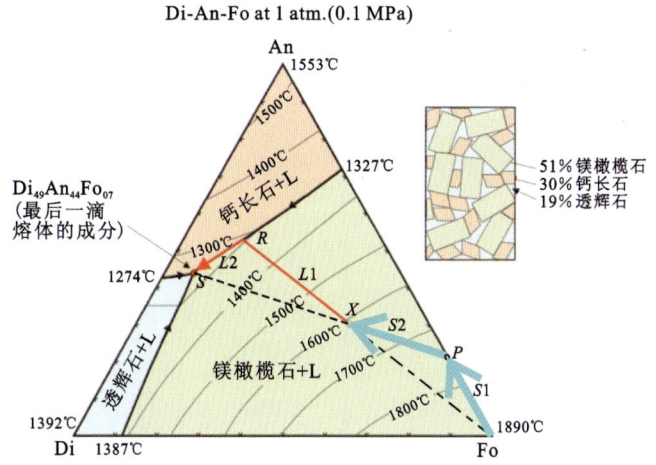

(1)熔体 X 将首先结晶镁橄榄石,使残余熔体成分沿着红线 L1 演化,直至到达 R 点,这一阶段结晶的固相始终是镁橄榄石,成分位于右下角端点位置不动;从 R 点起,熔体同时结晶镁橄榄石+钙长石,残余熔体成分沿着 L2 演化直至达到 S 点,这一阶段结晶的固相总成分(随着钙长石的增加)沿着 S1 蓝色箭头移动到 P 点;从熔体到达 S 点开始,同时结晶橄榄石+钙长石+透辉石,残余熔体位置不再移动,直到最后一滴熔体结晶;该阶段的固相总成分从 P 点沿着蓝色箭头 S2 移动,当最后一滴熔体固结时,全固相总成分到达 X 点。如果全部熔体结晶为全晶质岩石,将形成约 51% 的镁橄榄石,30% 的钙长石和约 19% 的透辉石,为橄榄辉长岩。

(2)可以由成分 X 点的熔体形成。岩石中观察到镁橄榄石+钙长石斑晶,是成分为 X 点的熔体达到 R 点之后,未达到 S 点之前,岩浆突然喷发到地表而快速冷却形成的。

附 录 矿物代号与矿物名称对照表

矿物代号	英文名称	矿物名称	矿物代号	英文名称	矿物名称
Ab	Albite	钠长石	Mgs	Magnesite	菱镁矿
Act	Actinolite	阳起石	Mnz	Monazite	独居石
Aeg	Aegirine	霓石	Ms	Muscovite	白云母
Afs	Alkali feldspar	碱性长石	Ol	Olivine	橄榄石
Amp	Amphibole	角闪石	Opx	Orthopyroxene	斜方辉石
An	Anorthite	钙长石	Or	Orthoclase	正长石
Aug	Augite	普通辉石	Phl	Phlogopite	金云母
Ap	Apatite	磷灰石	Pl	Plagioklase	斜长石
Bi/Bt	Biotite	黑云母	Px	Pyroxene	辉石
Brt	Barite	重晶石	Q	Quartz	石英
Cc	Calcite	方解石	Mnz	Monazite	独居石
Chn	Chondrodite	粒硅镁石	Rbk	Riebeckite	钠闪石
Cpx	Clinopyroxene	单斜辉石	San	Sanidine	透长石
Di	Diopside	透辉石	Ser	Serpentine	蛇纹石
Dol	Dolomite	白云石	Sp	Spinel	尖晶石
En	Enstatite	顽火辉石	Sph	Sphene	榍石
Grt	Garnet	石榴子石	Tr	Tremolite	透闪石
Lc	Leucite	白榴石	Zrn	Zircon	锆石